人力資源管理專業導論

主編 ● 孫金東

U0539710

前　言

　　轉眼之間，我從接觸和學習人力資源管理，再到進入人力資源管理領域進行教學和科研工作，已經有 12 年時間。在給本科生講授「人力資源管理」課程的過程中，我發現部分學生不知道人力資源管理專業是做什麼的，或者理解不準確，也不知道如何學習「人力資源管理」課程，學習效果無法令人滿意。這種現象不僅在低年級學生中存在，在高年級學生中也常常出現。作為「人力資源管理」課程的老師，我們也一直在想辦法、找途徑幫助學生們。例如，送學生們到企業參觀、實習，改革教學方法，帶學生們參與項目等。這些方法和途徑在一定程度上對學生們的學習效果有幫助，但是這些幫助可能只能針對高年級學生，對於低年級學生的作用不大，畢竟低年級學生接觸不到這些方法和途徑。然而，低年級的時候，才是一個學生培養職業興趣和訓練關鍵人格特徵的關鍵時期，等到高年級的時候，再去培養可能已經晚了。所以我們一直在想，採取什麼方法才能讓低年級學生就能接觸到專業。為此，面向一年級人力資源管理專業學生，我們從 2013 年起嘗試開設「人力資源管理專業導論」課程。但是，如何通過「人力資源管理專業導論」課程讓學生們瞭解人力資源管理專業，並進而更為有效地學習「人力資源管理」課程，是擺在我們面前的一個難題。通過近幾年的摸索和實踐，我們有了寫一本《人力資源管理專業導論》教材的想法。

　　為了更好地寫作這部教材，我們對有關專家學者、企業人力資源管理高管、人力資源管理專業畢業生和在校生進行了訪談，並做了大量的問卷調查。在此基礎上，我們開始了《人力資源管理專業導論》一書的寫作。本書旨在回答以下三個方面的問題：一是人力資源管理是做什麼工作的；二是人力資源管理從業者需要什麼樣的素質；三是如何學習人力資源管理。為了回答以上問題，本書共安排了 6 章內容：第一章主要介紹人力資源管理工作在企業經營中的地位和作用；第二章主要闡釋人力資源管理工作重心及其轉變；第三章主要分析人力資源管理者的角色和職責；第四章主要探討人力資源管理專業人員的勝任素質；第五章主要介紹高等院校人力資源管理專業教育發展；第六章主要

分析人力資源管理專業人員的職業生涯規劃。

　　本書全面系統地解讀了人力資源管理專業。全面性主要體現在以下幾個方面：①不僅分析了人力資源管理職位工作內容及職責，也探討了人力資源管理職位的任職資格條件；②不僅歸納了西方企業人力資源管理職位的工作重點，也總結了中國企業人力資源管理職位的工作重點；③不僅收集了中國高等院校人力資源管理專業本科培養方案，也分析了外國高等院校人力資源管理專業本科培養方案；④不僅說明了專業學生們在學校應如何開展學習，也闡釋了專業學生們畢業後應如何發展職業。系統性主要體現在以下幾個方面：①系統分析了人力資源管理專業人員勝任素質通用模型、各層次人力資源管理專業人員勝任素質模型、三支柱模型下人力資源管理專業人員勝任素質模型；②系統分析了人力資源管理者職責、各層次人力資源管理者職責、三支柱模型下人力資源管理者職責。另外，本書還提供了很多學習方法，例如如何學習知識、如何提升技能、如何提高能力、如何訓練人格特徵、如何建立學習地圖等。

　　在本書寫作過程中，我們受到廣西財經學院學科建設和專業建設經費的資助。沒有這些經費的資助，我們就無法完成資料的收集和實地調研。當然，我們還要感謝那些接受我們訪談和實地調研的專家學者、企業領導，沒有他們的真知灼見和幫助，也就沒有完整的第一手資料。此外，我還必須感謝我的學生們，他們在本書的編寫過程中提供了各種各樣的幫助。其中，蔡育清、全燕玲、彭璐參與了第四章的數據收集和寫作，閆碩、李有苑參與了第五章的數據收集和寫作，畢業生們也為訪談和實地調研提供了大量的協助。

　　本書適用於人力資源管理專業學生、人力資源管理自學者、人力資源管理從業人員等。由於編者知識和能力的局限，本書中的疏漏和錯誤在所難免，望廣大讀者不吝指正。

孫金冬

目　錄

第一章　緒論 …………………………………………………………（1）
　　第一節　人力資源管理工作在企業經營中的地位 ………………（1）
　　　　一、管理者的人力資源管理工作 …………………………（2）
　　　　二、為什麼說人力資源管理工作是重要的管理職能 ………（3）
　　第二節　人力資源管理與企業核心能力、競爭優勢、價值創造 ………（5）
　　　　一、人力資源管理與企業核心能力 …………………………（5）
　　　　二、人力資源管理與競爭優勢 ………………………………（8）
　　　　三、人力資源管理與價值創造 ………………………………（11）

第二章　人力資源管理工作重心及其轉變 …………………………（18）
　　第一節　西方企業人力資源管理工作重心及其轉變 ……………（19）
　　　　一、人事管理階段 ……………………………………………（19）
　　　　二、人力資源管理階段 ………………………………………（22）
　　　　三、傳統人事管理與現代人力資源管理的差異 ……………（23）
　　第二節　中國企業人力資源管理工作重心及其轉變 ……………（24）
　　　　一、計劃經濟下的勞動人事管理 ……………………………（24）
　　　　二、轉型期的人力資源管理 …………………………………（25）
　　　　三、新時期的人力資源管理 …………………………………（26）

第三章　人力資源管理者的角色與職責 ……………………………（42）
　　第一節　人力資源管理者的角色 ……………………………………（43）
　　　　一、人力資源管理者的角色模型 ……………………………（43）
　　　　二、人力資源管理者對戰略形成的影響 ……………………（47）
　　第二節　人力資源管理者的職責 ……………………………………（48）
　　　　一、直線管理者和職能管理者的人力資源管理職責 ………（48）

二、基於層次的人力資源管理體系、組織結構及職責 ………… (54)
　　三、基於業務導向的人力資源管理者職責 ……………………… (61)

第四章　人力資源管理專業人員的勝任素質 ………………………… (66)
　第一節　人力資源管理專業人員的勝任素質模型 ………………… (67)
　　一、人力資源管理專業人員勝任素質通用模型 ………………… (67)
　　二、各層次人力資源管理專業人員勝任素質模型 ……………… (73)
　　三、三支柱模型下人力資源管理專業人員勝任素質模型 ……… (87)
　第二節　人力資源管理專業人員的勝任素質模型解讀 …………… (91)
　　一、模型 …………………………………………………………… (91)
　　二、模型解讀 ……………………………………………………… (93)
　第三節　高等院校人力資源管理專業本科在校生與企業人力資源管理人員
　　　　　在人力資源管理專業人員勝任力理解上的差異 ………… (100)
　　一、高等院校人力資源管理專業本科在校生對人力資源管理專業人員
　　　　勝任力的理解 ………………………………………………… (101)
　　二、企業人力資源管理人員對人力資源管理專業人員勝任力的理解
　　　　…………………………………………………………………… (103)
　　三、人力資源管理專業本科在校生與企業人力資源管理人員在人力
　　　　資源管理專業人員勝任力理解上的差異 …………………… (111)

第五章　高等院校人力資源管理專業教育發展 ……………………… (118)
　第一節　發展現狀 …………………………………………………… (119)
　　一、人力資源管理專業本、專科教育的發展現狀 ……………… (119)
　　二、人力資源管理專業研究生教育的發展現狀 ………………… (122)
　第二節　人力資源管理專業本科人才培養方案 …………………… (124)
　　一、培養目標 ……………………………………………………… (124)
　　二、課程設置 ……………………………………………………… (128)
　　三、教學方法 ……………………………………………………… (134)
　第三節　高等院校人力資源管理專業本科在校生與企業人力資源管理人員
　　　　　在人才培養理解上的差異 …………………………………… (139)

一、高等院校人力資源管理專業本科在校生對人才培養的理解
　　　………………………………………………………………（139）
　　二、企業人力資源管理人員對人才培養的理解 ………………（144）
　　三、人力資源管理專業本科在校生與企業人力資源管理人員在人才
　　　培養理解上的差異 ………………………………………（150）

第六章　人力資源管理專業人員的職業生涯規劃 ………………（165）
　第一節　職業生涯規劃理論及應用 ………………………………（165）
　　一、職業生涯規劃理論 ……………………………………（166）
　　二、職業生涯規劃的主要方法與步驟 ……………………（173）
　第二節　人力資源管理專業人員持續發展與學習地圖 …………（181）
　　一、人力資源管理專業人員持續發展 ……………………（181）
　　二、學習地圖 ………………………………………………（185）

附錄：O＊NET 上部分人力資源管理職位說明書 ………………（192）

參考文獻 …………………………………………………………（206）

後記 ………………………………………………………………（207）

第一章　緒論

學習目標

1. 瞭解人力資源管理工作在企業經營中的地位。
2. 瞭解人力資源管理工作對形成企業核心能力的作用。
3. 瞭解人力資源管理工作對企業價值創造的作用。
4. 瞭解人力資源管理工作對提升企業競爭優勢的作用。

關鍵術語

人力資源管理（Human Resource Management）
核心能力（Core Competence）
價值創造（Value Creation）
競爭優勢（Competitive Advantage）

　　人力資源管理專業主要為企業培養從事人力資源管理工作的專業人才。而人力資源管理工作是企業經營的一項重要管理職能。不僅如此，人力資源管理工作還是形成企業核心能力和競爭優勢的重要力量，並為企業創造出更多的價值。

第一節　人力資源管理工作在企業經營中的地位

　　許多年來，人們一直都認為，對於一個處於發展之中的企業來說，資本是制約其發展的瓶頸。在現代管理理念裡，這種看法已經不再是正確的了。真正構成企業生產瓶頸的實際上是勞動力短缺，以及企業在招募和保留一支優秀員工隊伍方面的能力不足。

一、管理者的人力資源管理工作

大多數管理學者都同意這樣一種說法：所有的管理者都需要執行某些特定的基本管理職能。這些基本管理職能就是：計劃、組織、人事、領導和控製。總的來說，這五種職能就代表了管理者們經常說的管理過程。其中每一種管理職能所能包含的一些特定管理活動包括：

◆計劃：確定目標和標準；制定規則和程序；擬訂計劃和進行預測；等等。

◆組織：為每一位下屬安排特定的工作任務；設置部門；向下屬授權；建立權力鏈條和溝通渠道；協調下屬之間的工作；等等。

◆人事：決定雇用何種類型的員工；招募未來的員工；甄選員工；確定工作績效標準；為員工提供報酬；評價員工工作績效；接受員工諮詢；培訓和開發員工；等等。

◆領導：使他人能夠完成工作；維持組織成員士氣；激勵下屬；等等。

◆控製：制定像銷售額、質量標準或產量標準等這樣一些標準；對照這些標準檢查員工的實際工作績效；在必要時採取糾正行為；等等。

這裡的人事工作就是我們常常講的人力資源管理工作。很明顯，人力資源管理工作是基本管理職能中的一種，企業經營離不開人力資源管理工作。人力資源管理工作實際上是這樣一種過程：為了實現企業的戰略目標，圍繞一整套員工管理理念而展開的吸引、保留、激勵以及開發員工的活動。其所涉及的具體內容如下：

◆進行職位分析：企業需要為每個職位確定主要工作職責和任務，以及承擔此職位工作的人應具備的任職資格條件。它為員工的招聘、甄選和培訓等提供了標準和依據；為職位重要性評價和薪酬決策等提供了依據；有助於確定每一個職位的績效評價標準以及相應的績效目標。

◆規劃勞動力需求，招募求職者：企業需要解決如何獲得幫助組織做事的人的問題。人力資源規劃是組織進行人員招募的重要依據。當組織的人力資源規劃顯示，組織中將出現職位空缺時，組織通常首先從內部來尋求能夠填補職位空缺的候選人。當在組織內部沒有合適的人來填補職位空缺時，組織就會產生從組織外部招募新員工的需要。

◆甄選求職者：對於招募來的求職者，企業需要採用多種手段和辦法對他們進行甄別，以獲得最適合這個職位的員工。

◆配置和培訓新員工：對於招聘來的新員工，企業需要配置好他們的工作，並對他們進行必要的培訓。如果企業不能為新員工安排好工作或不能提供足夠的培訓，就有可能面臨生產率下降的危險，而且會遭遇人才流失的困境。

◆管理工資和薪金：企業需要為員工的工作提供補償。良好的薪資製度，更容易讓員工產生公平感。這種公平感的出現，有利於員工的保留。

◆提供獎金和福利：企業不僅要為員工提供基本工資，以滿足他們基本生活的需要，還要提供獎金和福利，以確保員工的工作積極性，從而長期保持良好工作績效。

◆評價工作績效：企業需要對員工的工作表現進行評價，以確保員工工作總是有利於企業目標的實現。

◆管理員工關係：企業需要妥善處理好組織和員工之間的關係。良好的員工關係才能確保組織目標的實現和長期發展。

二、為什麼說人力資源管理工作是重要的管理職能

為什麼人力資源管理工作對於企業經營很重要？一旦我們把人們在管理過程中希望避免的那些人事方面的錯誤列舉出來，對這一問題的回答就變得容易多了。比如說，你可能不願意看到下面這樣一些情況：

◆雇用不適合的人來從事某項工作。

◆員工的流動率很高。

◆發現員工工作不盡力。

◆在無效的面試上浪費很多時間。

◆由於採取了歧視性行為而使企業被訴諸法院。

◆員工感到自己所得到的薪資與組織中的其他人相比，是不公平的或不公正的。

◆由於對員工培訓不足而導致本企業的效益受損。

人力資源管理工作能夠幫助企業避免類似以上的這些錯誤。更為重要的是，它還可以幫助企業得到正確的結果。一個企業，可能已經把一切事務都處理得井井有條，比如制訂了合理的計劃、勾勒出了清晰的組織圖、裝配好了現代化的生產流水線以及運用複雜的財務控製系統等。但是，即使如此，企業仍然有可能會由於雇用了不適合的員工，或者是沒能調動員工的積極性等原因而遭到失敗。另外，許多企業可能在計劃、組織和控製等職能不健全的情況下成功地實施管理。之所以能夠取得成功，恰恰是因為企業雇用了合適的人來承擔

合適的工作，同時對他們進行激勵和評價。

學習資料 1-1

解決人力資源相關問題是跨境併購成功的關鍵

根據「美世 2012 年亞太地區跨境併購後整合調查」的結果，「以人為本」的問題如果無法合理解決，則可能會危及跨境併購交易的全面成功。

在此次調查中，美世訪問了亞太地區 41 家最近收購了新的海外業務的企業。僅有 24% 的受訪者認為出售價格是併購交易的關鍵成功因素。大多數受訪者（76%）表示，業務和企業的整合是最重要的因素，緊隨其後的因素是人才保留（59%）。以上這些都強調了人力資源相關問題的重要性。

值得注意的是，將近 60% 的受訪者認為，在整合期間，文化是最關鍵的一項挑戰，但大多數企業的整合計劃都缺乏適當的細節。在交易完成之前由人力資源參與一起制訂全面的整合計劃是至關重要的。這可以使得關鍵的人力資源相關細節得到妥善處理和管理。

美世全球及亞太地區併購業務負責人 Len Gray 指出：「在交易的各個階段，關於一些關鍵領域（例如人才管理、高管薪酬、治理與企業文化）的規劃和執行都是非常重要的。我們此次調研的受訪者的經驗表明，人力資源專業人士從交易一開始就參與有助於在整合期間避免出現意想不到的人力資源問題。」

此次調查表明，有 66% 的企業認為高管薪酬及福利是人力資源盡職調查過程中首要的關注重點。不過，許多企業並沒有針對不同的高管報酬計劃制定出清晰的戰略。對薪酬方案之間的差異進行逐個處理可能會導致出現長時間的高成本談判。

此外，半數以上（61%）的受訪者將被收購企業的治理視為整合期間第二項最重要的舉措。採用的戰略有多種形式，從佔據多數董事席位並任命關鍵高管，到將收購企業交給企業原有的經驗豐富的領導團隊繼續管理。無論採用哪種方式，企業治理都被視為跨境併購的關鍵考慮因素。

該報告還發現，如果沒有高層領導的認可，文化整合戰略將很難實施。制訂、管理和促成任何成功的計劃，都必須考慮到這些關鍵的影響者。在調查期間瞭解到的一項強有力的整合戰略舉措，是將目標企業的領導團隊邀請到收購企業的總部，以便對關鍵的整合問題達成一致意見，從而讓同化過程有一個健康的開始。

（資料來源：商業評論網——http://www.ebusinessreview.cn/Articledetail-143485.html）

第二節　人力資源管理與企業核心能力、
　　　　　競爭優勢、價值創造

在全球化競爭和知識經濟時代，企業的可持續成長與發展，從根本上講取決於企業的核心能力和競爭優勢。只有具備核心能力和競爭優勢的企業才能在市場中占據先機，在為顧客創造獨特價值的過程中找到自身存在和發展的理由和價值。

一、人力資源管理與企業核心能力

（一）Snell 模型

美國的 Scott A. Snell 教授在對知識經濟時代的戰略人力資源管理進行研究的過程中，基於企業核心能力的理論提出了「戰略-核心能力-核心人力資本」模型，如圖 1-1 所示。[1] 該模型系統分析了企業如何通過有效的人力資源管理，幫助企業進行知識競爭。

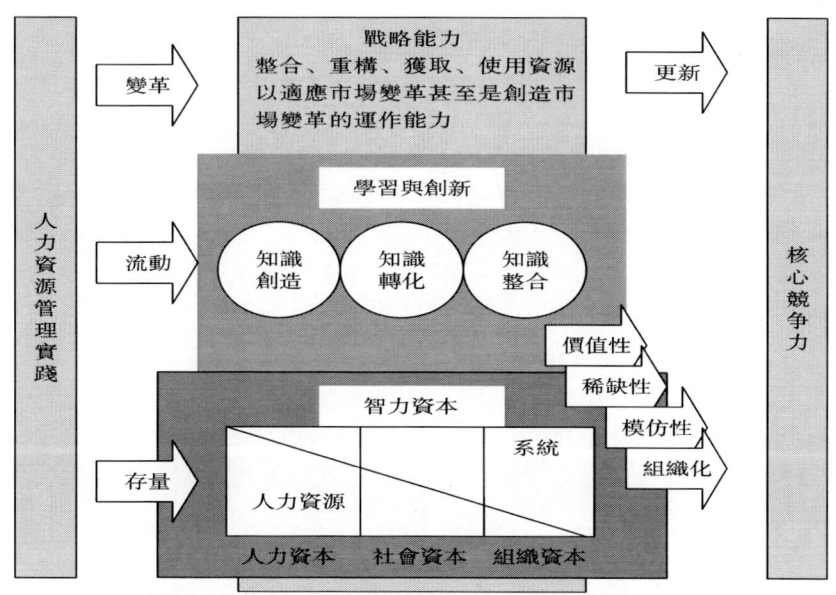

圖 1-1　通過人力資源管理實踐獲得核心競爭力的途徑

---

[1] 彭劍鋒. 人力資源管理概論 [M]. 2 版. 上海：復旦大學出版社，2011：18-22.

從這個模型中，我們可以看出，企業的核心能力是能給消費者帶來特殊利益和價值的一系列知識、技術和技能的組合。因此，核心能力的培養是通過整合企業內部的知識、提高企業為客戶創造價值的能力這兩個相互結合的方面來實現的。在此基礎上，針對不同類型的人力資源，開發分層分類的人力資源管理系統（具體包括招聘、培訓、工作設計、報酬和績效評價等人力資源管理實踐）。可以通過以下三種機制來實現對企業核心能力的支撐：

　　（1）通過形成人力資本、社會資本和組織資本的存量來支撐企業的核心能力。也就是說，通過戰略人力資源管理實踐，可以獲得企業內部人員與系統的有機整合，從而促進企業內部核心人力資本的形成，並結合企業的社會資本和組織資本，共同形成有價值的、稀缺的、難以模仿的和具有組織化特徵的智力資本，最終支撐企業的核心能力。

　　（2）通過促進企業內部的知識流動來支撐企業內部的知識管理，支撐企業的核心能力。也就是說，通過分層分類的戰略人力資源管理實踐，可以促進企業內部的知識管理，使知識得以有效的整合、轉化、創新，從而幫助組織尤其是知識創新組織提高核心能力。

　　（3）通過戰略能力的變革來支撐企業的核心能力。也就是說，通過戰略人力資源管理實踐提升企業適應市場變革和創造市場變革的運作能力，進而提升企業知識系統把握市場機會、為消費者創造價值的能力，從而完成對企業核心能力的支撐。

　　（二）核心能力在獲得、提升及維持的不同階段的人力資源管理重點

　　在核心能力獲得、提升和維持的不同階段，應該採取不同的人力資源管理重點，如表 1-1 所示。[1]

表 1-1　核心能力在獲得、提升及維持的不同階段的人力資源管理重點

階段	技術能力	市場能力	整合能力
獲得階段	聘用管理 薪酬管理	聘用管理 薪酬管理	聘用管理 薪酬管理
提升階段	培訓管理	培訓管理	培訓管理
維持階段	員工關係管理 績效管理	員工關係管理 績效管理	員工關係管理 績效管理

[1] 何江俊. 企業人力資源管理、核心能力與競爭優勢研究 [D]. 武漢：武漢大學，2011.

（1）核心能力在「獲得」階段，人力資源管理重點為聘用及薪酬管理。企業建立自身的核心能力時，不論哪一種核心能力，都以聘用及薪酬管理最為重要。因此，在這個「獲得」階段，人力資源管理在招聘時必須重視嚴謹的考試與面談、一套專門招聘關鍵人才的方案及多重的晉升渠道。在薪酬管理上必須重視合理的薪酬結構、內部激勵及優於同業的福利措施。

（2）核心能力在「提升」階段，人力資源管理重點為培訓管理。一旦企業獲得自身的核心能力，不論哪一種核心能力，都必須時時精進與提升。人力資源管理部門要規劃明確的工作說明書及工作規範，對現在及未來的人力供需進行規劃，調查年度訓練需求並定期舉辦員工培訓。

（3）核心能力在「維持」階段，人力資源管理重點為員工關係管理與績效管理。企業在獲得、提升自身的核心能力階段，不論哪一種核心能力，都必須加以維持。在此「維持」階段，人力資源管理著重於員工關係管理與績效管理。此兩項管理的重點在於留住關鍵人才、維持人力資源的穩定度。

學習資料 1-2

企業取得經營成功的關鍵因素是人

中歐國際工商學院發布的《中國 2012 企業調查報告》指出，企業取得經營成功的關鍵因素是人。參加調查者是 602 位來自不同崗位的高管人員，其中 228 位是首席執行官、總經理和企業主，其餘的人來自不同企業的人力資源、財務、市場、銷售、研發等領域。

調查表明，大多數公司認為在中國取得經營成功的關鍵因素是人。確保經營取得成功的因素按照重要性排序分別為：優秀的管理團隊（155 人），創新和研發（129 人），有效的績效和激勵體系（120 人），公司形象和聲譽（120 人），非常強的企業文化和價值觀（112 人），選拔、培訓、留住人才等（82 人），政府關係（54 人），生產效率（53 人）。這表明人力資源及其管理問題對於企業在中國取得經營成功有著至關重要的影響。

（資料來源：中歐國際工商管理學院網站——http：//www.ceibs.edu/media _ c/archive/70362.shtml.）

二、人力資源管理與競爭優勢

（一）克雷曼模型

美國的人力資源管理專家勞倫斯·S.克雷曼在其所著的《人力資源管理：獲取競爭優勢的工具》一書中，提出了一個人力資源管理實踐支持企業競爭優勢的模型，如圖1-2所示。①

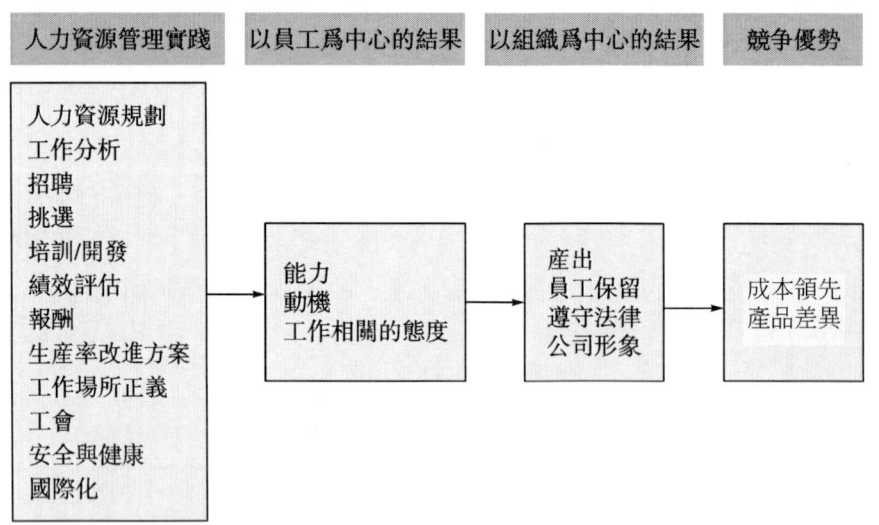

圖1-2 通過人力資源管理實踐獲取競爭優勢的途徑

從圖1-2中可以看出，人力資源管理對企業競爭優勢的影響過程可以通過傳導機制來實現：人力資源管理實踐—以員工為中心的結果—以組織為中心的結果—企業的競爭優勢。

（1）人力資源管理實踐—以員工為中心的結果。以員工為中心的結果包括員工的能力、動機和態度。它們是人力資源管理活動直接影響的變量。其具體的內容為：

◆員工的能力：包括員工擁有工作所需的知識、技能和能力。

◆員工的動機：包括員工的工作意願和努力程度。

◆員工的態度：包括員工的工作滿意度、組織承諾和組織公民行為。

各項人力資源管理活動都對員工的能力、動機和態度產生影響，具體見表1-2。

---

① 彭劍鋒. 人力資源管理概論 [M]. 2版. 上海：復旦大學出版社，2011：22-25.

表 1-2　　各項人力資源管理活動對員工的能力、動機和態度的影響

	招聘、挑選	培訓	績效評估	報酬	生產率改進方案
員工的能力	通過識別、吸引和挑選出最能幹的求職者，大幅度提高整個公司的人力資源隊伍的能力	通過培養員工與工作相關的知識、技能與能力，來提高員工勝任工作的比率	通過績效考核來牽引員工的行為，並通過績效改進來促進整個公司的人力資源隊伍能力的提高	通過具有內部公平性和外部競爭性的薪酬，使公司能夠吸引和保留那些有能力的員工	
員工的動機	通過識別員工的內驅力，來使公司所挑選的求職者與公司的期望保持一致		通過績效考核與績效反饋，並且將考核結果與員工的報酬掛鉤，來改變員工的工作動機		通過強化正確行為的生產率改進方案和對員工的授權來改變員工的工作動機
員工的態度	雇員的工作態度包括工作滿意度、組織承諾、組織公民行為等，這些與工作有關的態度都受到人力資源管理的公平性影響，而這種公平性也是貫穿於各項人力資源管理活動之中的				

(2) 以員工為中心的結果—以組織為中心的結果。以組織為中心的結果，包括組織的產出、員工保留、遵守法律和公司形象等方面。具體而言，以員工為中心的結果可以通過如下方式來實現以組織為中心的結果：

◆有能力勝任工作，並且具有較高工作意願和積極性的員工往往也具有較高的生產率，從而提高組織的產出。

◆員工的工作滿意度、組織承諾的提高能夠有效地降低員工的離職傾向，從而提高組織的員工保留率。

◆員工的組織公民行為能夠有效地提高團隊的凝聚力，從而提高組織的生產率，並能夠減少員工的離職率。

◆員工的工作滿意度和組織承諾往往建立在公平、公正的人力資源管理實踐的基礎之上，而公平公正的人力資源管理製度能夠降低企業遭受就業法律訴訟的可能，並能夠提高公司的社會形象。

(3) 以組織為中心的結果—企業的競爭優勢。企業的競爭優勢主要有兩種：一種是成本領先，一種是差異化。以組織為中心的結果，最終能夠形成企業的競爭優勢。其具體傳導機制可以從以下幾個方面來進行解釋：

◆在人員數量保持不變的情況下，組織產出的增加能夠有效降低企業產品的單位成本，從而增強企業的成本優勢。

◆員工保留能力的提高,能夠降低由於人員流失所增加的替代原來員工的人工成本和組織成本,從而增強企業的成本優勢。並且,員工保留能力的提高能夠使企業建立一支高度穩定的員工隊伍,從而有利於提高顧客的保持率,為企業帶來財務價值的增加。

◆遵守就業立法能夠減少企業的法律訴訟,節約企業的成本。

◆公司形象的提高和公平公正的人力資源管理都能夠幫助企業提高產品的差異化程度,增強企業的競爭優勢。

(二) 提高競爭優勢的人力資源管理實踐活動

美國斯坦福大學的 J. Pfeffer 在其所著的《經由人員獲得的競爭優勢》一書中,列舉了經過文獻研究和實際調查所得到的能夠提高一家企業的競爭優勢的 16 種人力資源管理實踐活動。[①] 其具體內容如表 1-3 所示。

表 1-3　　　　能夠提高競爭優勢的 16 種人力資源管理實踐活動

就業保障	組織對員工長期承諾,提高員工忠誠度,使員工為組織的目標實現,用足夠的忠誠、責任感或者自發的積極性付出額外的努力
重視招聘	以正確的方式挑選合適的員工使公司獲得能夠滿足其競爭需要的、能夠產生高績效的員工
富有競爭力的薪酬	從競爭的角度確定薪酬,因為高薪有助於吸納和留住優秀人才,視工資為投資而不僅僅是成本。提高工資所帶來的生產率足以支付增加工資的本身。降低勞動力成本並不一定會提高組織的競爭力
獎勵津貼	鼓勵員工將自己視為公司的一分子,讓員工分享企業經營績效提高帶來的好處,將會促使員工更加努力地工作
共享信息	收入分享、利潤分享必然要求信息共享。員工獲取與其工作相關的必要的信息是成功完成任務的前提。作為信息的擁有者,員工有更多的權力,也更盼望被當成所有者來對待(信息社會)
員工參與	信息共享的結果必然導致員工參與。每個員工都必須同時是一個管理者。員工對組織部分事物的參與不僅能提高員工的滿意度,而且能提高生產率
雇員持股	減少勞動衝突,將員工利益與股東利益結合在一起,有利於組織的長遠發展,激勵員工提高勞動生產率
工作團隊	既讓員工保持一定的自主性,又有某種程度上的監督功能,同時,監督和合作者的期望有助於提高團隊的生產率

---

① 彭劍鋒. 人力資源管理概論 [M]. 2 版. 上海:復旦大學出版社, 2011:32-33.

表1-3(續)

技能開發	知識與技能的折舊速度越來越快。員工既要得到革新和改進產品與生產過程的授權,也應具有完成這些任務所必需的技能。加強員工的技能開發是保證組織持續發展的客觀要求
一員多能	工作豐富化和工作擴大化客觀上要求「一員多能」。「一員多能」既具有激勵功能,同時它還淡化了部門之間的界限,有助於跨部門、跨團隊、跨職能的合作,從而提高組織的整體效率
上下平等	下放決策,實現自我管理,增加非正式場合的交流機會,有助於組織的跨層級溝通,提高組織的運作效率
減少薪差	降低橫向工資差別有助於跨部門的人員流動,降低縱向的工資差別有助於培養員工對組織的認同感和共同的榮譽感
內部提升	組織通過內部提升獲得高管人員,可以保證組織戰略、文化與管理風格的穩定和連續,確保處於經理位置的人真正懂業務、懂技術,懂得他們正在管理的業務流程。內部提升能使員工看到職業生涯的發展空間
長期規劃	各項人力資源管理活動從規劃到實施到出現成效,都存在或長或短的「時滯」。組織必須明白通過人力資源去達到競爭優勢要具有長期觀點
及時評價	評價系統是組織戰略目標實現的傳遞系統。它為戰略目標的執行情況提供反饋,從而使組織隨著競爭環境的變化及時調整策略
系統哲學	為把各項人力資源管理活動有機聯繫起來並有效執行,要求管理者對組織管理的各個要素進行系統思考和重新定位。建立起關於成功的基礎和怎樣管理人的價值觀和信念系統。將組織的核心價值觀與人力資源管理理念進行整合

三、人力資源管理與價值創造

(一) 波特模型

人力資源管理對於一個組織的整體作用可以借助價值鏈分析加以說明。價值鏈理論是哈佛大學商學院戰略學教授邁克爾·波特於1985年提出的。波特認為,企業的任務是創造價值,而創造價值的活動可分為主要活動和支持性活動兩種,即主要活動涉及企業的供應和內部物流、生產、銷售、分銷和外部物流、售後服務等,支持性活動涉及人力資源、財務、計劃、研發等。[①] 從圖1-3的價值鏈分析法圖示中可以看出,人力資源管理屬於一種支持性活動。其主要作用在於為企業的核心價值創造流程提供支持,以確保主要價值創造活動得以順利完成。

---

① 郭咸綱. 西方管理思想史 [M]. 3版. 北京:經濟管理出版社,2004:330-332.

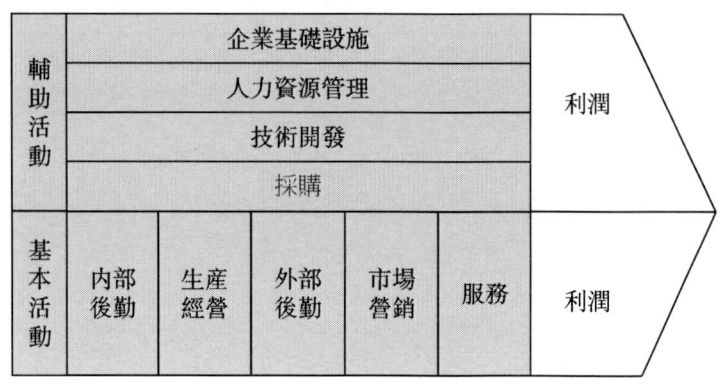

圖 1-3　波特的價值鏈

（二）人力資源管理的價值實現

人力資源管理的價值體現在高效履行自身使命，通過打造優秀員工隊伍形成企業核心競爭力，通過員工職業生涯規劃實現員工與企業共同成長，通過人力資源管理技術和手段為企業創造價值等具體方面。

（1）在進行人力資源戰略規劃、組織建設和組織變革過程中體現人力資源管理的價值。從某種意義上來說，人力資源是企業實現業務戰略的保證，但卻並不是實現企業業務戰略的必然條件。很多企業因為人力資源高消費、人崗不匹配等種種人力資源管理問題而陷入困境，並非因為這些企業沒有人力資源，而是因為人力資源價值未能通過有效的人力資源管理予以體現。人力資源管理價值的體現，在很大程度上取決於從企業實際情況出發，分析企業所處的外部人力資源環境的機會與威脅，企業內部人力資源的優勢與劣勢，明確企業人力資源管理所面臨的挑戰和現有體系的不足，建立符合企業實際和企業發展需要的人力資源戰略規劃，制定出能夠推動企業業務戰略發展的組織架構，並根據組織架構的變動進行相應的人力資源組織架構變革。

（2）通過改善企業管理流程、梳理企業人力資管理體系以及構建良性溝通渠道實現人力資源管理價值。組織架構以及戰略性崗位的設置在於改善企業管理流程和構建良性溝通渠道。而梳理人力資源管理體系則對人力資源部提出了更加專業的要求：要求企業人力資源部建立客觀公正的人力資源評價體系，對員工素質能力和績效表現進行客觀評價；繼而依據事先設置的能力素質體系對企業現有人力資源進行配置和開發；保證公司戰略目標與員工個人績效有效結合；並配套建立科學的薪酬福利和長期激勵體系，激勵員工充分發揮潛能，在為公司創造價值的基礎上實現自己的價值。

（3）在員工個體素質開發與職業生涯規劃中體現人力資源管理的價值。對於高速發展的企業而言，出現人才空缺是一種常態。如何尋找並識別適合企業所需要的人才是人力資源管理實現自身價值的第一道門檻，但並非最重要的門檻。人力資源部，尋找和識別人才只是基礎性工作，如何將人才安置在最合適的位置也只是常態化的事務性工作；如何挖掘員工的潛能，幫助員工做出正確和有效的職業生涯規劃，並將工作的重點自始至終放在確保人才素質的提升和職業生涯的向上發展，是人力資源管理者實現自身價值的關鍵。

（4）在構建企業氛圍和倡導企業文化中實現人力資源管理的價值。企業文化是企業所有員工共同遵循的價值觀和行為規範，具有提升員工凝聚力和向心力的作用。在一套優秀的企業文化下，員工自身價值與企業終極目標更容易達成一致。構建適應企業發展需要的企業文化和提升組織績效的企業氛圍，是人力資源管理的最高境界。

（5）通過參與到企業業務活動中實現人力資源管理的價值。從泰勒提出科學管理到現在，管理理論與工具的目標無一不是指向企業的價值增值。人力資源管理的目標同樣如此。為了實現這一目標，人力資源管理不能獨立於企業業務之外，必須通過參與企業業務活動來實現價值。

學習資料 1-3

人力資源部門如何為業務部門創造價值

和完成企業直接目標的業務部門不同，人力資源部門的價值，並不能以直觀的收益體現出來。不過，這並不意味著人力資源管理不能為業務部門乃至整個公司創造價值，起碼可以通過扮演好以下四個角色為業務部門創造價值。

戰略執行的夥伴

制定戰略是公司高層管理團隊的責任，即使是人力資源經理，也只是這個團隊的一員。不過，要想當好這合格的一員，人力資源經理需要做的可不少。作為戰略執行的夥伴，人力資源經理應當推動引導整個團隊就戰略執行的組織形式進行探討。這一過程在實施中可能並不容易。人力資源部門需要對管理層進行新的培訓，提升其相關技能。後者才能在組織審查工作中做出深入的分析。新知識可以幫助人力資源部為管理層創造更多價值，進而帶來實際的商業利益。

行政專家

在人力資源管理中，有很多流程可以更好、更快、更省錢的完成。作為行

政專家，他的工作之一就是發現並改進這些流程。一部分企業已經承擔起這些任務，並收到了喜人的效果。例如，有一家公司設計了一套全自動的、靈活的福利管理系統，從而省卻了員工的文書工作；另一家公司通過新的技術手段篩選簡歷，縮短了人員招聘的週期；還有一家公司則設立了電子公告牌，使員工可以和高管通過它直接交流。在所有這三個案例中，人力資源部通過精簡流程和採用新技術，既提高了工作質量又降低了工作成本。

員工後盾

在實踐中，和員工打交道最多的，莫過於直線經理人。因此，人力資源部有必要對其進行指導和培訓，使其明白保持員工高昂士氣的重要性，以及如何做到這一點。這一過程可以採用一些工具，包括研習班、書面報告或員工調查。它們能夠幫助經理們瞭解組織內部士氣低下的原因——這種認識不僅停留在具體個案上，而且需要上升到概念層面。例如，人力資源部告知直線經理，大約82%的雇員因最近一次裁員而感到沮喪。這一消息很有用。但除此之外，人力資源部還應該使直線經理認識到士氣低下的根源。組織行為學家通常認為，當人們覺得外界對自身的要求超過了自己手中用來滿足需求的資源時，員工士氣就會下降。同樣地，如果目標不清楚，任務不分輕重緩急，或績效評估模稜兩可，也會令士氣下降。人力資源部的重要作用就是在高級經理面前豎起一面鏡子。

變革推手

變革項目可能包括建立高效能的團隊，縮短創新週期，或者應用新技術。人力資源部要確保這些項目及時得到界定、開發和實施。另外，人力資源部有必要確保公司的願景宣言能夠轉化為具體行動。它必須幫助員工搞清楚，為了實現長遠目標，他們可以停止、開始或繼續從事哪些工作。推動變革過程可能會充滿艱辛，但這正是人力資源部最能發揮價值的地方之一。

（資料來源：三茅人力資源網——http://www.hrloo.com/rz/13633604.html）

本章小結

人力資源管理專業主要為企業培養從事人力資源管理工作的專業人才。人力資源管理工作是企業經營的一項重要管理職能，企業經營離不開人力資源管理工作。人力資源管理工作實際上是企業為了實現其戰略目標，圍繞一整套員工管理理念而展開的吸引、保留、激勵以及開發員工的活動。

可以通過三種人力資源管理機制實現對企業核心能力的支撐。一是通過形成人力資本、社會資本和組織資本的存量來支撐企業的核心能力；二是通過促進企業內部的知識流動來支撐企業內部的知識管理，支撐企業的核心能力；三是通過戰略能力的變革來支撐企業的核心能力。

人力資源管理對企業競爭優勢的影響過程可以通過傳導機制來實現：人力資源管理實踐—以員工為中心的結果—以組織為中心的結果—企業的競爭優勢。

人力資源管理屬於一種支持性活動。其主要作用在於為企業的核心價值創造流程提供支持，以確保主要價值創造活動得以順利完成。

思考題

1. 人力資源管理工作在企業經營中的地位怎樣？
2. 為什麼說人力資源管理工作可以提升企業核心能力？
3. 為什麼說人力資源管理工作可以提高企業競爭優勢？
4. 為什麼說人力資源管理工作可以為企業創造價值？

訓　練

下面的量表衡量你對人力資源管理工作的瞭解程度。用下列方式表示你對每一條陳述的判斷，0＝錯誤的，1＝正確的。請將你的判斷和其他同學或人力資源管理專業人員進行比較探討。

1. 人力資源管理工作就是對人的管理。　　　　　　　　　　　　0　1
2. 發工資是財務部門的事情。　　　　　　　　　　　　　　　　0　1
3. 人力資源管理工作是人力資源部門的事情。　　　　　　　　　0　1
4. 只要擁有相關知識和技能，就能做好人力資源管理工作。　　　0　1
5. 學好外語對開展人力資源管理工作非常有幫助。　　　　　　　0　1
6. 有效的人力資源管理工作可以到其他企業複製成功。　　　　　0　1
7. 人力資源管理工作在企業價值創造上沒有多大貢獻。　　　　　0　1
8. 企業裡人力資源管理工作會發生改變。　　　　　　　　　　　0　1
9. 挑選員工是人力資源部門的工作。　　　　　　　　　　　　　0　1
10. 關心員工對企業經營很重要。　　　　　　　　　　　　　　　0　1

11. 人力資源是第一資源。　　　　　　　　　　　　　　　0　1
12. 知識管理是人力資源管理工作的重要內容。　　　　　0　1
13. 給員工錢越多，激勵效果越大。　　　　　　　　　　0　1
14. 職業生涯規劃是員工自己的事情。　　　　　　　　　0　1
15. 企業裡人才越多越好。　　　　　　　　　　　　　　0　1

案例閱讀

美國西南航空公司取得競爭優勢的人力資源管理

美國西南航空公司是一家總部位於美國德克薩斯州達拉斯市的低成本航空公司。公司創立於1967年，1971年3月正式開始營運。該公司是美國航空業乃至企業界的一個奇跡，從1973年開始盈利之後從來沒有虧損過。該公司多次被美國交通部評為服務的「三冠王」「五冠王」，同時還多次名列美國「最佳雇主」評選名單的前列。

在競爭戰略方面，該公司最突出的特點是其成本領先戰略和客戶服務戰略。西南航空公司以那些對價格敏感同時又力求方便的乘客為目標客戶，以高密度的航班和低廉的票價為這些客戶提供可靠、低價、友好的服務。為了取得競爭優勢，該公司在具體的人力資源管理職能方面採取了相應的措施。

第一，採取以價值觀和態度為基礎的人員招募、甄選策略。西南航空公司認為，人的本質是難以改變的，即知識和技術是可以培訓的，但工作態度卻難以改變。因此，該公司不僅非常重視招募和甄選工作，而且在進行這項工作時非常看重求職者的態度和價值觀。為了實現快樂工作的哲學，公司聘用的原則是招募具有幽默感和懂得如何找到快樂的人，同時，該公司還特別關注員工的積極工作態度和團隊協作精神。此外，為了確保被錄用者具備公司推崇的組織文化和團隊合作能力，西南航空公司一直採用內部推薦與同事、客戶面試相結合的招聘方法。這種做法不僅有利於建立團隊，而且降低了人員流失率，節約了培訓成本。為了招募到合適的員工，該公司曾花費很長時間來識別構成良好業績的關鍵行為，並開發出一套員工甄選方法。

第二，對於新招聘的員工，西南航空公司非常重視其崗前培訓。培訓的內容涉及公司文化、歷史、操作技能等很多方面，其目的是讓全體員工重視企業文化，並努力按照組織的文化和價值觀的要求來採取各種行動。為了確保員工瞭解公司其他部門或單位的工作情況，強化合作，西南航空公司還開展了「穿

上別人的鞋子走一英里路」的活動，即讓員工在合適的時候到其他人的工作崗位上體驗別人的工作。這種培訓和開發活動對於建立團隊文化和強化協作精神是非常有利的。

第三，採取符合低成本戰略要求的薪酬政策。與同行相比，西南航空公司的固定薪酬水平偏低，但是公司從1973年就實行利潤分享計劃。公司鼓勵員工像所有者而不是像員工那樣去工作，鼓勵員工在整個公司範圍內共享價值。另外，該公司還實行近乎全員性的員工持股計劃，通過每月扣減薪酬的形式或用獎金來購買公司股票，從而讓全體員工共同分擔企業的成功與風險。西南航空公司的員工大約擁有企業12%的股權，飛行員在股票期權上會得到更大的特惠。由於航空業的股價和業績是密切相關的，這就把員工的個人利益和公司的整體利益聯繫在一起了。

第四，建立以團隊績效為中心的績效衡量體系和獎勵體系。由於航空服務需要的是員工隊伍的整體服務能力，而不僅僅是個體的能力和業績，再加上對團隊的績效更容易衡量，因此，西南航空公司不考核員工個人的業績，衡量的最小單位是部門和團隊。該公司採用了以團隊為基礎的績效評價和獎勵機制，使報酬與團隊績效緊密結合。由於每一個團隊都非常瞭解績效評價的方式，所以其刺激了組織成員之間的相互幫助、相互協作。這也正是飛行員願意幫助其他人完成引導旅客登機以及從事裝卸行李工作的原因之一。

第五，建立穩固、和諧的勞資關係。和諧的勞資關係也是西南航空公司人力資源管理的成功體現。在民航業這個勞資雙方之間存在非常普遍的敵對關係的行業裡，西南航空公司卻能夠與其員工培養起合作關係。儘管該公司的員工中有85%的人加入了工會組織，但是工會與公司之間的友好關係沒有影響公司的戰略和優勢。而且雙方達成了相互協作的協議，工會成員與公司在任何情況下都保持高度一致。這極大地支持了公司戰略的執行，成為競爭優勢的一個重要來源。

（資料來源：三億文庫——3y.uu456.com/6p_2kzqm5am1392izp9mdhz_1.html）

第二章　人力資源管理工作重心及其轉變

學習目標

1. 瞭解西方企業人力資源管理工作重心及其轉變。
2. 瞭解中國企業人力資源管理工作重心及其轉變。
3. 理解傳統人事管理與現代人力資源管理的差異。
4. 瞭解中國企業人力資源管理工作重心轉變的趨勢。

關鍵術語

傳統人事管理（Traditional Personnel Management）
現代人力資源管理（Modern Human Resources Management）
戰略性人力資源管理（Strategic Human Resource Management）
全方位人力資源管理（All Round Human Resource Management）
國際人力資源管理（International Human Resource Management）
電子化人力資源管理（e-Human Resources Management）
人力資源管理優化（Human Resource Management Optimization）

　　對於人力資源管理工作而言，不同時代有著不同的理解，其工作重心一直在調整和改變之中。這很容易理解，畢竟不同時代的企業面臨不同的問題和要求。許多學者對人力資源管理工作的發展歷史進行了梳理，總結了不同歷史階段人力資源管理工作的特點，探討了人力資源管理工作重心轉變的原因及其趨勢。典型的理論包括 W. L. French 的 6 階段論、G. R. Ferris 的 5 階段論、W. F. Casicio 的 4 階段論、趙曙明的 2 階段論和彭劍鋒的 4 階段論。這些理論從不同的角度揭示了人力資源管理的發展歷程。由於人力資源管理的發展往往綜合了理論發展和實踐推進這兩個方面的內容，相互交織而形成，因此本章將對西方企業人力資源管理工作重心及其轉變和中國企業人力資源管理工作重心及其轉變分開介紹。

第一節　西方企業人力資源管理工作重心及其轉變

人力資源管理是一門新興的學科，問世於20世紀70年代末。人力資源管理的歷史雖然不長，但人事管理的思想卻源遠流長。從時間上看，從18世紀末開始工業革命，一直到20世紀70年代，被稱為傳統的人事管理階段；從20世紀70年代末以來，人事管理逐漸讓位於人力資源管理。①

一、人事管理階段

人事管理階段又可具體分為以下幾個階段：人事管理萌芽階段、科學管理階段、人際關係管理階段和人事管理成熟階段。

（一）人事管理萌芽階段

人事管理的發展是伴隨著18世紀後半葉工業革命的到來而產生的。機器大工廠的建立需要大量的工人集中到工廠來做工。這樣，當時面臨的所有問題都歸結為：如何吸引農業勞動力放棄原有的生產和生活方式到工廠來工作，然後將工業生產所需要的一些基本技能傳授給他們，同時使他們能夠適應工業文明的行為規則，從而最大限度地發揮勞動分工和生產協作所帶來的巨大生產率潛力。因此，當時的人事管理主要承擔的是福利方面的工作。例如，改善工人的境遇；聽取並處理工人的不滿，提供娛樂和教育活動，安排工人的工作調動，管理膳食，照顧未婚女工等。

（二）科學管理階段

20世紀初，以費雷德里克·泰勒等為代表的學者，開創了科學管理理論學派，並推動了科學管理實踐在美國的大規模推廣和開展。為解決工人消極怠工問題，泰勒等人對工人的工作效率進行了研究，制定了公平日工作標準，並且進一步強調要挑選一流的工人，對工人進行培訓，倡導勞資合作等，還發明了著名的差別計件工資制。與福利主義的人事管理不同，泰勒強調的是操作規範化和差別計件工資制以及科學地挑選和訓練工人。

科學管理在20世紀20年代，經過管理先驅者們的努力，基本上發展成熟了。這一劃時代的科學管理運動，大大地促進了企業生產力的提高。這裡不僅

---

① 這種劃分借鑑了劉昕編著的《人力資源管理》（第2版）一文中的說法。

有泰勒的巨大貢獻，還有許多企業家和理論家為此做出重大的貢獻。卡爾·喬治·巴思貫徹了泰勒的正統思想；甘特是在泰勒的指導下進行工作的，他做出了重大的貢獻，尤其是他的甘特圖更是為科學管理增添了光彩；吉爾布雷斯夫婦發展了泰勒的工時研究，在動作研究上有著開創性的貢獻，並且將其擴展到疲勞和心理研究領域；埃莫森則改進了泰勒的職能工長製度，提出了職能參謀制，為企業組織理論的誕生開闢了道路，同時他的效率原則也具有里程碑性質；庫克在泰勒的培養下把科學管理原理應用到教育和市政管理上，並設法使科學管理和工會建立起良好的關係。

學習資料 2-1

泰勒的搬運鐵塊實驗

伯利恒鋼鐵公司貨場裡的原材料，是由一組計日工搬運的。工人每天掙得1.15美元。這是當時的標準工資。公司對工人獎勵或懲罰的唯一方法，就是找他們談話或開除。工人搬運鐵塊的平均數為每天12~13噸。泰勒就是從這裡開始他的實驗的。

第一步是科學地挑選工人。他們用了3~4天的時間仔細觀察和研究了其中的75個人，從中挑選出4個人，然後又仔細研究了這4個人中的每一個人，調查了他們的歷史、性格、習慣和抱負，最後挑選了一個身材矮小的來自賓夕法尼亞的荷蘭裔美國人施密特。此人以愛財如命且又十分小氣而聞名。他們要求此人按新的要求干活，每天可以得到1.85美元。他們的研究方法是：①工人從車上或地上，把生鐵搬起來需要幾秒鐘；②帶著所搬的鐵塊在平地上走，每英尺（1英尺=0.304,8米）需要多少時間；③帶著所搬的鐵塊沿著跳板走向車廂，每步需要多少時間；④把生鐵扔下或放在料堆上用幾秒鐘；⑤空手回到原來的地方每走一英尺需要多少時間。經過仔細研究，他們發現，採用科學的方法對工人進行訓練，並把勞動時間和休息時間很好地搭配起來，工人平均可以將每天的工作量提高到47噸，而且負重搬運的時間只有42%，其餘的時間是不負重的，工人也不會感到太疲勞。而同時採用刺激性的計件工資制，在工人每天搬運量達到47噸標準後，工資也增加到1.85美元。

（資料來源：郭咸綱. 西方管理思想史[M]. 北京：經濟管理出版社，2004.）

（三）人際關係管理階段

科學管理理論的建立確實為當時企業的發展提供了有力的理論武器。然而

隨著社會的發展，這一理論的負面效應逐漸顯現出來，特別是加劇了勞資矛盾。為了實現一種新的「平衡」，學者們開始尋求答案。在管理學方面，梅奧開闢了人群關係和行為研究的新方向。

以德國心理學家雨果·芒斯特伯格等為代表的工業心理學家的研究結果，推動了人事管理工作的科學化進程。工業心理學的主要領域是職業指導，為職業指導提供完善的人事管理工具和技術。不過，20世紀20年代心理測試卻衰落了，因為研究發現，員工的心理測試成績與實際工作績效之間沒有什麼關係。正是在這時，人際關係學說悄然興起。

1929年美國哈佛大學教授梅奧率領一個研究小組到美國西屋電氣公司的霍桑工廠進行了長達9年的霍桑實驗，真正揭開了對組織中的人的行為研究序幕。研究的最初目的本來是確定照明對工人及其產出的影響，但最後得出的結論卻是，社會互動以及工作群體對於工人的產出以及滿意度有著非常重要的影響。人際關係學說推動了旨在博取工人忠誠的各種福利計劃的如火如荼的發展。

後來的管理學家、社會學家和心理學家從行為的特點、行為的環境、行為的過程以及行為的原因等多種角度開展對人的行為的研究，形成了一系列的理論。理論的研究和發展反過來促進了企業管理人員重視人的因素，強調人力資源的開發，注重改善企業內部人際關係，注重使組織的需要和成員的需要協調一致。

學習資料 2-2

梅奧的群體實驗

這是一項關於工人群體的實驗，其目的在於證實工人當中存在著一種非正式的組織，而且這種非正式組織對工人的態度有著極其重要的影響。

實驗者為了系統地觀察在群體中的工人之間的相互影響，在車間中挑選了14名男工人，其中有9名繞線工、3名焊接工、2名檢驗工。他們在一個單獨的房間內工作。

實驗開始時，研究人員向工人說明：他們可以盡力地工作，因為在這裡實行的是計件工資制。研究人員原以為，實行了這一套辦法會使工人更為努力工作，然而結果是出乎意料的。事實上，工人實際完成的產量只保持在中等水平上，而且每個工人的日產量都差不多。而根據動作和時間分析的理論，每個工人應該完成的標準定額為7,312個焊點，但是工人每天只完成了6,000~6,600

個焊接點就不幹了，即使離下班時間還有較為充裕的時間，他們也自行停工不幹了。這是什麼原因呢？研究者通過觀察，瞭解到工人們自動限制產量的理由是：如果他們過分努力工作，就可能造成其他同伴失業，或者公司制定出更高的生產定額來。研究者為了瞭解他們之間能力的差別，還對實驗組的每個人進行了靈敏度和智力測驗，發現3名生產最慢的繞線工在靈敏度的測驗中得分是最高的，其中1名最慢的工人在智力測驗上排名第一、靈敏度測驗的排名是第三。測驗的結果和實際產量之間的這種關係使研究者聯想到群體對於這些工人的重要性。一名工人可以因為提高他的產量而得到小組工資總額中的較大的份額，而且減少失業的可能性，然而這些物質上的報酬卻會帶來群體詰難的懲罰，因此每天只要完成群體認可的工作量就可以相安無事了。

（資料來源：郭咸綱. 西方管理思想史 [M]. 北京：經濟管理出版社，2004.）

（四）人事管理成熟階段

到20世紀60年代，人事管理一直被認為只是針對藍領工人和操作類員工的。人事管理者的工作就是在管理層和操作層（工人）之間架起一座橋樑，需要用自己的語言與工人對話，然後再向管理層提出建議，告訴他們應該做些什麼事情才能使員工達到最好的工作結果。這種狀況使人事管理工作在企業中一直處於一種非常尷尬的境地，人事管理者不得不想各種辦法去爭取獲得主管人員的認可，不斷抱怨自己在企業中沒有地位。

20世紀60年代以後，「人力資源管理」這一名詞逐漸流行起來。在這一時期，有三個因素對於人力資源管理概念的出現起了重要的作用。一是經濟學中的人力資本理論的正式提出，使人力資本被看成比物力資本更富有生產率的資本；二是行為科學的不斷發展，對於人力資源管理的理論與實踐產生了極大的影響；三是人力資源會計的出現，使企業更加明確地認識到人力資源管理對於企業所可能產生的收益。

二、人力資源管理階段

人力資源管理階段又可分為人力資源管理的提出和人力資源管理的發展兩個階段。

（一）人力資源管理的提出

「人力資源」這一概念早在1954年就由彼得·德魯克提出並加以界定。他指出，和其他所有資源相比較而言，其唯一的區別就是「人力資源」是人，是

經理們必須考慮的具有「特殊資產」的資源。因此，要求管理人員在設計工作時要充分考慮到人的精神和社會需求，要採取積極的行動來激勵員工，為員工創造具有挑戰性的工作以及對員工進行開發。懷特·巴克首次將人力資源管理作為管理的普通職能來加以討論，並提出了一系列的普遍原則。到 20 世紀 80 年代中後期，人力資源管理受到企業的普遍重視，並逐漸取代人事管理。人力資源管理的出現標誌著人事管理職能發展到一個新的階段。它的內容已經全面覆蓋了人力資源戰略與規劃、職位分析、員工招募與甄選、績效評估與管理、培訓與開發、薪酬福利與激勵計劃、員工關係與勞資關係等。

(二) 人力資源管理的發展

進入 20 世紀 90 年代，人力資源管理理論不斷發展，也不斷成熟，「戰略性人力資源管理」的概念越來越深入人心。人們更多地探討人力資源管理如何為企業的戰略服務，人力資源部門的角色如何向企業管理的戰略合作夥伴關係轉變。戰略人力資源管理理論的提出和發展，標誌著人力資源管理進入了新階段。

三、傳統人事管理與現代人力資源管理的差異

從西方企業人力資源管理工作重心及其轉變歷程可以看出，早期的傳統人事管理和現代人力資源管理存在著一定的聯繫，例如現代人力資源管理借鑑了傳統人事管理的關心員工、工作效率、心理測試等思想和做法，但也呈現出很大的差異性，具體差異見表 2-1。

(1) 傳統人事管理屬於範圍較小、以短期導向為主的行政事務性管理，在組織中是一種技術含量低、無須特殊專長的執行操作層面的工作，因此無決策權可言。現代人力資源管理在內容上不僅包括了傳統人事管理的行政管理和事務管理內容，而且包括了著眼於長期效應、範圍廣大的戰略管理內容，並把原有的工作進行戰略性整合和提高。所以它與人事管理的最根本區別是更加具有戰略性、整體性和未來性。

(2) 傳統人事管理以「事」為中心，注重控製與管理人，忽略人的能動性和開放性特徵，屬於行政事務的管理方式。而現代人力資源管理視員工為企業的第一資源，以人為核心，把人作為活動資源加以開發，人力資源被提到戰略高度。

(3) 人力資源管理部門成了組織的生產效益部門，人力資源部的效益已與組織效益整合成一個整體。而傳統人事管理則不然。

（4）人事管理視員工為「經濟人」，實行工具化、行政式管理。人力資源管理則視員工為「社會人」，實行人本化管理。

表 2-1　　　　傳統人事管理和現代人力資源管理的差異

傳統人事管理	現代人力資源管理
重在管理	重在開發
以事為主	以人為主
人是管理對象	人是開發的主體
重視硬管理	重視軟管理
為組織創造財富	為組織創造財富和發展個人
服務於戰略管理	是戰略管理的夥伴
採用單一、規範的管理	重視個性化管理
報酬與資歷、級別相關度大	報酬與業績、能力相關度大
軟報酬主要是表揚和精神獎勵	軟報酬為發展空間和自我實現
晉升重資歷	競爭上崗、能者上
職業發展方向是縱向的	全方位、多元化的職業發展
重視服從命令聽指揮	重視溝通、協調和理解
培訓是為了組織需要	培訓是增加員工的人力資本
金字塔式管理模式	網路化、扁平化的管理模式

第二節　中國企業人力資源管理工作重心及其轉變

與西方企業人力資源管理工作不同，中國企業人力資源管理的萌芽和發展走過的是一條完全不同的道路。西方企業人力資源管理是在傳統的人事管理基礎上，根據市場競爭環境和社會發展現狀的要求演變而來的。然而，中國的情況完全不同，經歷著計劃經濟下的勞動人事管理、轉型期的人力資源管理、新時期的人力資源管理等階段。①

一、計劃經濟下的勞動人事管理

在傳統計劃體制下的中國企業中並不存在「人力資源管理」或西方意義上

---

① 這種劃分借鑑了劉昕編著的《人力資源管理》（第 2 版）一文中的說法，並做了調整。

的「人事管理」。在一家企業內部，一般籠統地稱其為勞動人事管理。在計劃經濟下，為了計劃和行政命令的完成，勞動人事管理的主要內容包括：勞動力管理（國家分配的勞動力的接收和安置、勞動定額與定員、在職職工的業務技術培訓、勞動組織的調整和改善、勞動紀律的執行等）、工資管理（貫徹執行國家的有關工資政策和製度、根據國家的統一規定完成工資調整等）、職工保險福利管理（各項保險待遇的貫徹執行、職工集體福利的舉辦和福利補貼製度的實施等）、勞動保護管理（國家勞動保護監察製度的貫徹執行、勞動保護製度的實施和有關工作的組織管理、職業病和職業危害的預防、職工傷亡事故的報告和處理、女職工和未成年職工的特殊勞動保護等）。

二、轉型期的人力資源管理

在計劃經濟下，中國企業的生產效率很低，勞動生產率的增長速度也非常緩慢。這與當時的勞動人事管理是密切相關的。隨著市場經濟體制的正式確立，中國企業迫切需要瞭解在市場經濟製度下到底應當如何對人進行管理。這時人力資源管理的顯著特徵是對西方人力資源管理的吸收和對勞動人事管理的改革，其標誌是以前人事、勞資部門更名為「人力資源部」。經過30多年的發展，今天中國企業的人力資源管理已經取得了長足的進步，主要表現在以下幾個方面：一是人力資源或人才的重要性已經深得企業認可；二是現代人力資源管理理念已經得到普及，關於人力資源管理對於競爭以及戰略和文化的重要性已經沒有太大爭議；三是職位分析與評價技術、員工甄選工具、工作滿意度/員工敬業度調查、勝任素質模型、關鍵績效指標技術等一些重要的人力資源管理工具和方法得到廣泛運用；四是人力資源管理體系的整體性及組織戰略和文化間的匹配性得到改善，人力資源管理已經從單一和零散逐步走向系統化，依靠人力資源管理贏得競爭優勢甚至在國際市場站穩腳跟的企業開始湧現。

學習資料 2-3

中國企業人力資源管理與西方發達國家企業人力資源管理的差距

中國企業人力資源管理實踐很大程度上受過去計劃經濟模式的影響，在人力資源管理方面與發達國家的先進企業還存在很大差距。另外，中國在人力資源管理理論研究上起步較晚，很多流行的人力資源管理工具和方法大多為沿襲西方企業的做法，例如崗位分析、崗位評價、平衡記分卡、關鍵績效指標、寬

帶薪酬等大多為西方流入的管理工具和理念。各種管理工具和方法對中國企業的適用性及其效果，還缺乏科學合理的依據，而當前中國眾多企業人力資源變革所遇到的困難和障礙也是這一現實問題的有力依據。

2003年，中國人力資源開發網與國務院發展研究中心合作，成功舉辦了第一屆中國企業人力資源管理現狀調查，對中國企業的人力資源管理現狀有了深入全面的瞭解。該調查結果顯示，設有專門人力資源部門的企業的比例只有75.6%，還有24%的企業由其他部門代為行使人力資源管理職能；人力資源從業者以大專和本科學歷水平居多，共占84.3%，研究生學歷者從事人力資源管理工作的較少，為11.7%；中國僅有約一半的企業進行了崗位分析工作，進行崗位分析的企業中87%認為作用較大，約40%的企業進行過崗位評價；只有約67%的企業實行了績效考核，實行績效考核的企業中有60%考核效果一般；僅32%的企業對高層管理人員採用「長期激勵」；人力資源管理信息化水平處於起步和初級階段；等等。這些數據或結論，反應了西方先進人力資源管理方法和理念在中國企業管理變革中的接受程度和實施情況。

(資料來源：國務院發展研究中心企業研究所與中國人力資源開發網共同發布的《2003年中國企業人力資源管理現狀調查報告》)

三、新時期的人力資源管理

中國企業正進入新的戰略轉型和系統變革期。這種變化對人力資源管理提出了新的要求。彭劍鋒在《人力資源管理概論》一書中對中國企業面臨的人力資源管理的核心問題與矛盾進行了總結，提出了中國企業戰略轉型和系統變革期面臨的十大人力資源管理問題。[①]

◆中國企業從機會導向轉向戰略導向，但人力資源與企業戰略脫節，新的戰略、新的業務面臨人才的嚴重短缺，核心人才隊伍難以形成。

◆中國企業治理結構的優化已進入一個新的歷史發展階段（產權改革、上市、併購重組、集團化），但人力資源管理體系不能適應企業治理結構優化的要求。

◆企業的人才競爭由依靠能人的競爭，轉向機制與製度體系的競爭，但人

---

① 彭劍鋒. 人力資源管理概論［M］. 2版. 上海：復旦大學出版社，2011：53-55.

力資源機制與製度不配套，人力資源的整合與協同效應難以發揮，人力資源的整體競爭力與執行力不足。

◆企業從一個單一產品型企業發展成為多元的或基於價值鏈的集團化企業，但集團整體的人力資源管理平臺難以建立，集團沒有建立有效的人力資源管控系統。

◆企業的核心競爭能力的形成越來越依賴於企業的核心人才隊伍建設，但核心人才隊伍難以形成，核心人才頻繁跳槽、留不住。

◆企業從求生存轉向求可持續發展，但企業的績效考核不能反應企業戰略和文化的訴求，績效管理沒有成為企業戰略落地的工具，績效考核面臨結果與過程的矛盾，績效管理難以推進。

◆知識型員工日益變成企業人力資源的主體，但企業的人力資源管理體系不能適應知識型員工的特點，使員工的發展舞臺受限，人才的潛能沒有得到有效的激發。

◆員工隊伍的非職業化使企業精細化、精益化管理難以落實。

◆企業面臨全球領導力的短缺與國際化人才短缺。

◆競爭日趨激烈，社會的不確定性增加，員工面臨職業倦怠與職業心理壓力過大的問題。

面對這些問題和挑戰，中國企業人力資源管理工作重心需要進一步調整。

(一) 人力資源管理戰略化

在現實中，很多企業的人力資源管理者經常抱怨自己不受重視。除了企業自身的問題，這與人力資源管理部門及其工作人員未能圍繞組織戰略的要求來調整自己的工作重心，合理安排在各種不同工作活動中的時間和精力投入也有很大的關係。

對人力資源管理活動進行類別劃分的一種方法是將其歸納為變革性活動、傳統性活動和事務性活動。變革性活動包括知識管理、戰略調整和戰略更新、文化變革、管理技能開發等戰略性人力資源管理活動；傳統性活動主要包括招聘和甄選、培訓、績效管理、薪酬管理、員工關係等傳統的人力資源管理活動；事務性活動主要包括福利管理、人事記錄、員工服務等日常性事務活動。

目前，中國企業在這三類活動中耗費人力資源管理專業人員的時間比重大體上分別為5%~15%、15%~30%和65%~75%，如圖2-1所示。顯然，大多

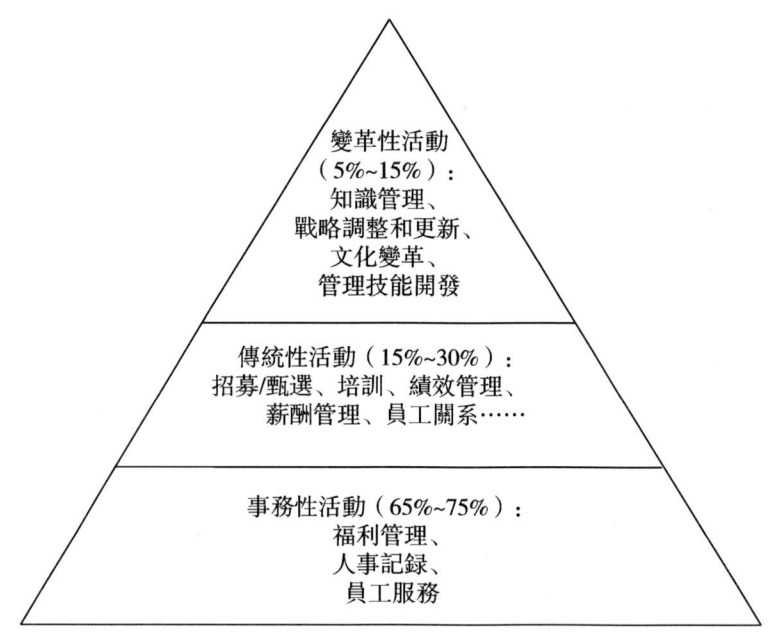

圖 2-1　各種人力資源管理活動的時間分配百分比：現狀

數人力資源管理者都把大部分時間花在了日常的事務性活動上，在傳統性人力資源管理活動上花費的時間相對來說就少多了，至於在變革性人力資源管理活動上所花費的時間就更是少得可憐。事務性活動只具有較低的戰略價值；傳統性人力資源管理活動儘管構成了確保戰略得到貫徹執行的各種人力資源管理實踐和製度，也只具有中度的戰略價值；而變革性人力資源管理活動則由於幫助企業培育長期發展能力和適應性而具有最高的戰略價值。所以人力資源管理者在分配時間投入方面顯然是有問題的。人力資源管理者應當盡量減少在事務性活動和傳統性活動上的時間分配，更多地將時間用於對企業最具有戰略價值的變革性活動。如果人力資源管理專業人員在這三種活動上的時間分配能夠調整到 25%~35%、25%~35% 和 15%~25%，即增加他們在傳統性尤其是變革性人力資源管理活動方面付出的努力，那麼人力資源管理職能的有效性必能得到很大的提高，為企業增加更多的附加價值，如圖 2-2 所示。[①]

---

① 劉昕. 人力資源管理 [M]. 2 版. 北京：中國人民大學出版社，2015：346-347.

```
        變革性活動
      （25%~35%）：
       知識管理、
      戰略調整和更新、
       文化變革、
      管理技能開發

      傳統性活動（25%~35%）：
       招募/甄選、培訓、
       績效管理、薪酬管理、
       員工關系……

      事務性活動（15%~25%）：
       福利管理、
       人事記錄、
       員工服務

   人力資源                流程再造
   管理外包                信息技術
```

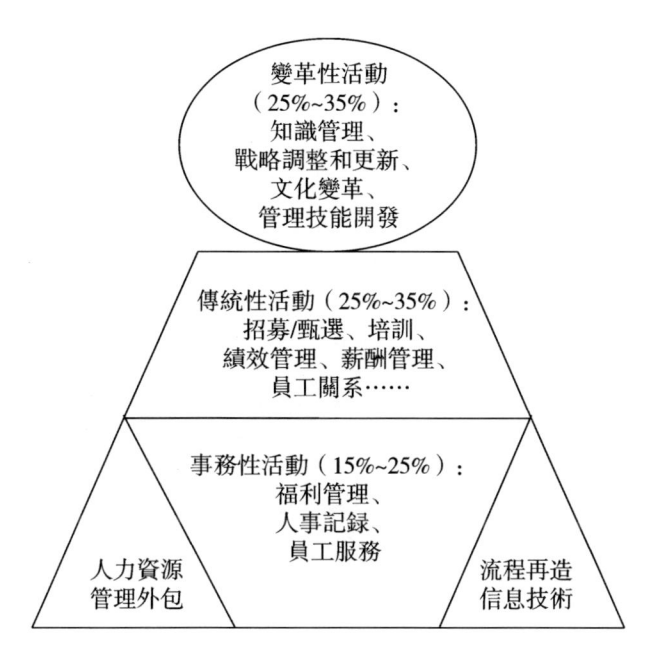

圖2-2　各種人力資源管理活動的時間分配百分比：未來

（二）人力資源管理全方位化

越來越多的企業逐漸以全面的人力資源管理模式來權衡工作重心。六大模塊的工作權重分布都較為平均（如圖2-3所示）。[①] 以全面的人力資源發展方向為目標，以重點改進的人力資源模塊為依託的點面結合的人力資源管理才能發揮最大效力。

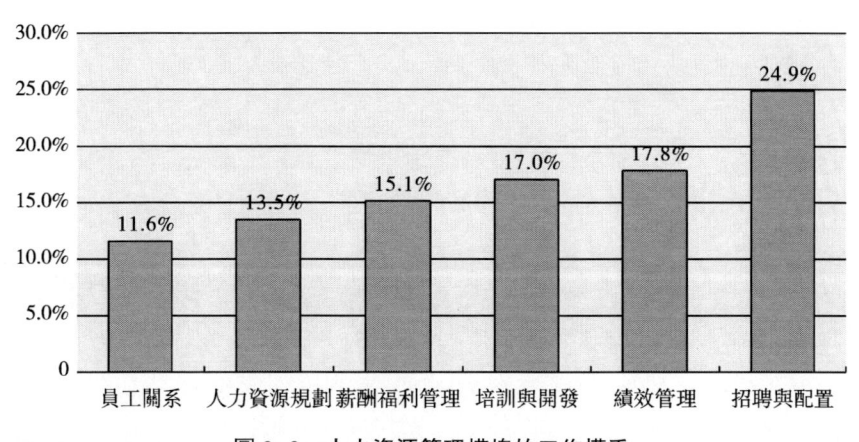

模塊	權重
員工關系	11.6%
人力資源規劃	13.5%
薪酬福利管理	15.1%
培訓與開發	17.0%
績效管理	17.8%
招聘與配置	24.9%

圖2-3　人力資源管理模塊的工作權重

---

① 資料來源於前程無憂人力資源調研中心的《2012人力資源工作展望調研報告》。

毋庸置疑，招聘與配置在人力資源模塊中仍是重中之重。近年來，高離職率一直是企業面臨的難題。招聘職位中因人員離職所產生的替代性招聘占比較高，使得人力資源重心放在人才引進和合理化崗位配置上，以便為企業儲備更多合適的人才。

每個模塊在人力資源管理中都相輔相成。員工關係管理在各模塊中的關注度雖然相對較低，但近年來企業對其關注度的提升也日趨顯現。出色的員工關係管理對企業來說還有很長的一段路要走，人力資源從業人員需要不斷提高自身素質，逐步完善相關體系才能較好地使員工關係處於融洽、和諧的氛圍中。對於這個模塊，從業人員仍需投入不少的工作精力。

（三）人力資源管理國際化

早在20世紀80年代，中國企業其實就開始了普遍意義上的國際化，當時多為代工出口。其後，中國企業全球化樂章就開始了不斷的變奏：或尋求品牌和技術，或獲取網路和渠道，或集中投入重點市場，或跨區域配置資產等。

中國企業的國際化戰略，從形式上基本可以分為兩大類：一種是以直接併購國外企業為主，如聯想；另一種是自有業務在海外發展，包括海外設廠、生產本地化，如海爾，又如將自有產品直接出口的中興通訊。企業的國際化，首先是人力資源管理的國際化。相比在單一國家進行人力資源管理工作，國際化的人力資源管理工作的模塊（比如招聘、培訓、薪酬等）是相同的。但國際化人力資源管理工作，因為涉及不同國家，要對不同國籍的職員進行管理和協調，所以顯得更為複雜。而這種管理的複雜性，正是國際化人力資源管理工作相比在單一國家進行人力資源管理工作最大的不同點。

（四）人力資源管理電子化

在提升人力資源管理的效率和有效性方面，計算機、互聯網以及相關的一系列新工具和新技術的出現發揮著非常重要的作用。第一，電子化招聘是網路技術在人力資源管理中應用最快的領域。根據《財富》雜誌所做的調查，世界500強企業中在2000年就有79%的公司實現了電子化招聘，而1998年僅為29%，1999年為60%。第二，電子化培訓無疑將成為未來企業開展培訓活動的主要方式。思科公司在電子化培訓方面已累積了豐富的經驗。從1999年8月起，思科就把80%的內部培訓內容用網上培訓的方式實現，結果節省了60%的培訓開銷。2000年3月，思科又把這一成功的教學經驗推廣到合作夥伴，推出了「合作夥伴在線學習」計劃，登陸人數由1萬增加到2萬。電子化培訓的受歡迎程度充分證明了它的有效性。第三，電子化溝通作為互聯網在人力資源管

理中的重要應用，正為越來越多的企業使用。聯想集團充分利用企業內部網路資源，較好地實現了電子化溝通。聯想員工可以將電子郵件發到網上總經理的公共郵箱中，總經理會對每一封電子郵件進行回覆。員工可以在內部網的 BBS 上向公司提出意見、建議，以期引起公司上下對一些重要問題的討論和關注；也可以在網上求助，請求他人對自己在工作、學習、生活中的實際問題給予幫助。聯想的「員工信箱」能全方位地接收到不同部門、不同地區聯想人的信息和意見。人力資源管理部門會將這些郵件轉到相應部門，該部門必須對每一封信做出反饋，否則將會受到處罰。聯想的電子化溝通已成為企業完善、暢通的溝通體系的重要組成部分。第四，隨著網路技術在人力資源管理中應用的不斷深入，電子化考評也已在一些企業出現。電子化考評可利用信息系統對員工的工作成果、學習效果進行記錄；主管可以隨時對來自各地的下屬定期遞交的工作報告進行指導和監督；員工的工作進展介紹和述職均可以通過網路實現。與此同時，企業管理者可以通過電子化考評系統中實時錄入的資料不斷發現並改進企業管理中存在的問題，績效考評中的人為因素的影響將大大減少。

（五）人力資源管理職能優化①

1. 招聘與配置的優化

對於增加招聘量的企業來說，人力資源管理者更需做好充分準備，不斷優化招聘管理來應對快節奏的人員流動。在招聘管理的各環節中，「人員需求分析」和「招聘精度提升」是人力資源管理者認為最需要優化的工作，因為其可在較大程度上幫助他們更精準地定位企業所需的人才。如圖 2-4 所示。

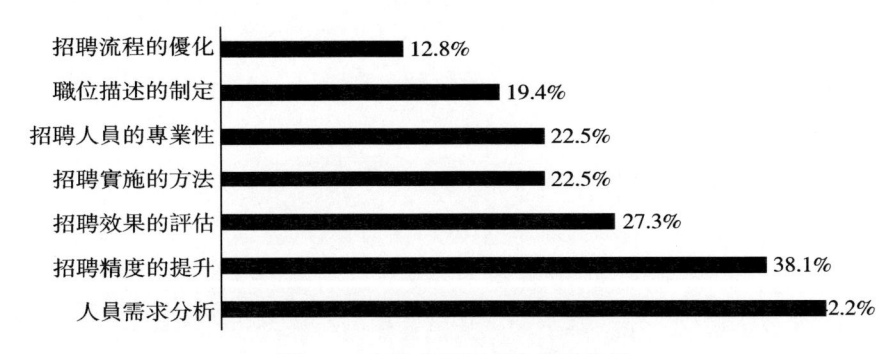

項目	比例
招聘流程的優化	12.8%
職位描述的制定	19.4%
招聘人員的專業性	22.5%
招聘實施的方法	22.5%
招聘效果的評估	27.3%
招聘精度的提升	38.1%
人員需求分析	2.2%

圖 2-4　招聘與配置優化權重分析

---

① 資料來源於前程無憂人力資源調研中心的《2012 人力資源工作展望調研報告》。

2. 績效管理的優化

考評、指標、獎金構成了績效管理的幾大重要因素。人力資源管理者對於各績效環節設置的合理性將較大程度上影響績效管理的客觀公正性。績效指標設計在績效管理各環節中需優化的權重最高，達 59.9%；其次為績效與獎金的掛勾（39.1%），尤其是外資（歐美）企業最為注重這兩者的掛勾情況，比例高出其他性質的企業二十個百分點以上。如圖 2-5 所示。

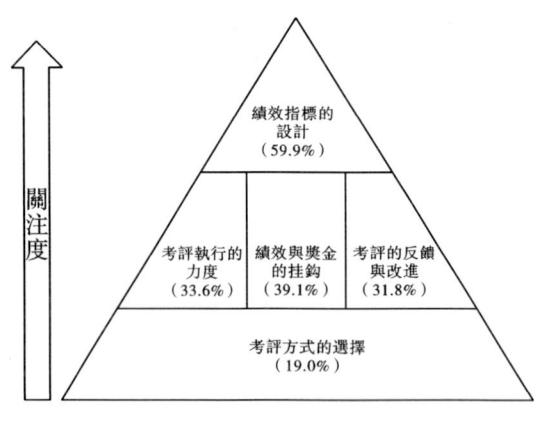

```
                    績效指標的
                      設計
                    (59.9%)

關
注    考評執行的   績效與獎金   考評的反饋
度      力度       的挂鈎       與改進
      (33.6%)    (39.1%)    (31.8%)

              考評方式的選擇
                (19.0%)
```

圖 2-5　績效管理優化權重分布

3. 薪酬福利管理的優化

為增強企業吸引力、提高員工保留率，除了要注重薪酬競爭性對比外，公司整體福利的設置同樣是企業人力資源管理者需要改進和優化的方向。設置整體福利需要企業搭建系統化的結構和體系，單以改善個別福利如彈性工作制、企業內部活動等較難引起員工的注意。為提高員工滿意度，增強員工工作的歸屬感與幸福感，40.1%的企業預計將完善福利設置。如圖 2-6 所示。

4. 培訓與開發的優化

培訓與開發，在幫助員工提高技能的同時，還可以強化員工對組織的認同。作為僅次於績效管理的需要改進的模塊，其同樣也有不少具體的培訓工作是人力資源管理者需要優化的重點。如圖 2-7 所示。在改善該模塊時，可以先從員工培訓全過程的第一個基本環節——培訓需求分析入手。培訓內容的設計則與員工的培訓需求緊密相連，培訓內容的設計要盡可能地與員工實際工作內容掛勾，根據不同層級、不同職能的員工設計針對性的課程。這種趨向於實用性、操作性的知識傳授是企業未來培訓與開發的發展方向。

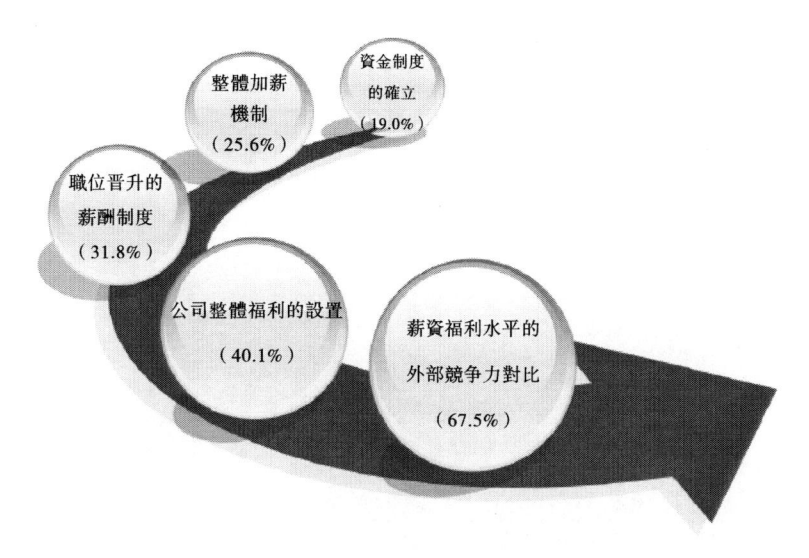

職位晉升的薪酬制度（31.8%）
整體加薪機制（25.6%）
資金制度的確立（19.0%）
公司整體福利的設置（40.1%）
薪資福利水平的外部競爭力對比（67.5%）

圖 2-6　薪酬福利管理優化權重分布

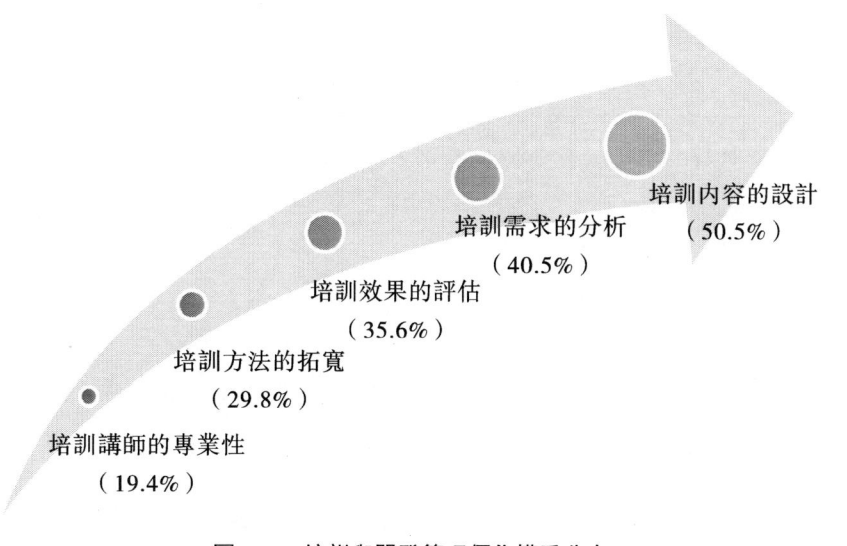

培訓講師的專業性（19.4%）
培訓方法的拓寬（29.8%）
培訓效果的評估（35.6%）
培訓需求的分析（40.5%）
培訓內容的設計（50.5%）

圖 2-7　培訓與開發管理優化權重分布

5. 員工關係管理的優化

員工關係管理雖然在人力資源六大模塊中受重視度相對較低，但隨著員工對企業文化重視度的不斷提高，員工關係的改進可以為企業創造良好、和諧的經營氛圍。採取多樣化措施進行人性化管理，是提供給員工的一種福利的體現，同時也是企業文化的表徵。如圖 2-8 所示。諸如企業的團隊建設、心理諮詢服務、員工的衝突管理、員工的內部溝通管理、工作豐富化、晉升機制、獎

懲管理、內部輪換製度等管理模式都日趨受到企業的推崇與效仿。「以人為本」是企業人性化管理的精髓所在。企業不僅要滿足員工的物質需求，更要對他們採用信任、溝通、尊重等情感激勵手段，以滿足員工的安全感、公平感與成就感。

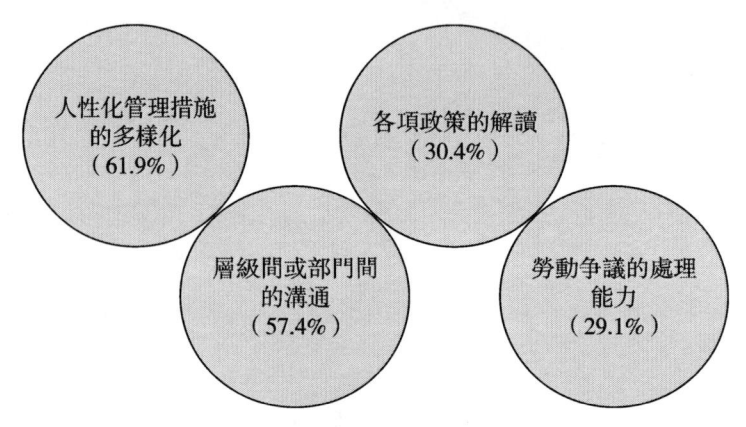

圖 2-8　員工關係管理優化權重分布

學習資料 2-4

當前人力資源管理面臨的新形勢

在經濟大勢仍存在諸多不確定性的情況下，未來一個時期內人力資源管理註定將面臨更多的挑戰。如何有效提升人力資源管理能力是擺在所有人力資源管理者面前的一個緊迫課題。

勞動力供給結構發生重大變化

近幾年春節過後，用工荒在東南沿海地區都如期上演。這已經不算什麼新聞了。但隨著 2011 年 4 月底第六次全國人口普查主要數據的發布，我們可以發現，中國勞動力供給結構正在發生根本性變化：0～14 歲人口占 16.60%，比 2000 年人口普查時下降 6.29 個百分點；60 歲及以上人口占 13.26%，比 2000 年人口普查時上升 2.93 個百分點。而從人口年齡結構金字塔圖形中可以更直觀地看到：老齡化社會正在急速到來，而今後的勞動力供給數量將快速減少。

因此，可以預見，季節性用工荒將逐步加劇，並將轉化為常態性的、結構性短缺；勞動力短缺將從勞動密集型產業擴展到各行業和部門；企業員工年齡結構將逐步改變，不僅「80 後」「90 後」員工比重增加，老齡員工所占比重也將擴大；而可以肯定的是，企業招聘難度將進一步提高。

人工成本持續上漲

多年來，人工成本一直上漲，在未來這一趨勢將得到持續，而可以肯定的

是其速度還將加快。以北京市為例，社會平均工資、最低工資分別從2006年的3,008元／月、640元／月上升到2011年的4,495元／月和1,160元／月，其年均增長率分別為8.37%、12.63%。

2012年2月發布的《促進就業規劃（2011—2015年）》顯示，十一五期間最低工資標準年均增長率為12.5%。而該規劃進一步提出十二五期間最低工資標準年均增長率將大於13%。即使按照上述13%的比例低限計算，截至2015年十二五結束時，最低工資將上漲到目前的1.84倍。而如果再考慮到勞動力供給結構的變化，人工成本上升幅度將更大。

勞動政策法規繼續加強

以2007年6月《中華人民共和國勞動合同法》頒布為標誌，中國勞動立法進入了一個新階段。而2011年以來，中國勞動政策法規規制加強則表現出一些新特點：

一是各地勞動爭議群體事件增多，推動勞動集體協商進程加快，工會作用得到加強。一方面，沃爾瑪等大型外企均建立工會、廣東南海本田事件等標誌性事件使集體協商得到廣泛關注；另一方面，中華全國總工會2011年1月出抬了《2011—2013年推動企業普遍建立工會組織工作規劃》和《2011—2013年深入推進工資集體協商工作規劃》。前者提出「全國企業法人建會率達到90%以上」，後者進一步提出「到2013年年底已建工會組織的企業80%以上建立工資集體協商製度」。

二是社會保險方面的立法明顯增強。中國繼2010年10月頒布《中華人民共和國社會保險法》之後，2011年6月又發布了《實施〈中華人民共和國社會保險法〉若干規定》，12月發布了《社會保險費申報繳納管理規定（草案）》。後者「將原辦法規定的養老、醫療和失業三項保險，擴大為全部五項社會保險」，而且加大了「社會保險費基數核定」的監察力度——這一規定一度在社會上引發熱烈討論。

三是勞動監察加強，力推《中華人民共和國勞動合同法》及相關法規落實。2011年7月《關於進一步推進勞動保障監察兩網化管理工作的意見》中提出，「以鄉鎮（街道）為基礎、以用人單位和勞動者數量為依據、以便利勞動者維權和服務企業為導向劃分監察網格，將城鄉用人單位全面納入網格監管範圍。一個網格明確1名勞動保障監察員負責，一般配備2名以上勞動保障監察協管員」。在《中華人民共和國勞動合同法》立法過程中，論戰一方董保華教授特別強調中國勞動關係的關鍵是「有法不依、執法不嚴」，這一問題能否得

到有效矯正還有待觀察。

高端人才短缺在人才競爭背景下持續升級

　　高端人才短缺始終是讓企業人力資源經理焦心的一個問題。而在人才競爭激烈程度持續升級的背景下，高端人才短缺將更為突出。根據國際著名人力資源服務公司萬寶盛華（Manpower）發布的《2011年全球人才短缺調查結果》，中國大陸有24%的企業正遭遇嚴重的由於人才短缺帶來的職位空缺填補問題。可以預見，如果2012年迎來經濟復甦，各類企業人才招聘需求擴張，人才競爭將進一步加強，而高端人才短缺的問題將更為突出。這一點，相信所有人力資源部門都具有直接感受。而可作一個反證的是，中國獵頭行業發展極為迅速。這表明對於高端人才的競爭將更加激烈。

　　如果將眼光放到更遠一些，我們就會發現，在歐美、日本等傳統經濟體增長乏力的情況下，更多的大型跨國企業更加關注中國市場；與此一致的是，大量外向型企業也調轉方向、由外向內。因此可以預見，未來企業競爭將更加激烈。當然，大量具有一定實力的國內企業也開始了國際化之路，更多的企業走向海外。以上所有這些都將指向一點，中國企業管理水平必須快速提升。

　　（資料來源：中國人力資源開發網——http://www.chinahrd.net/article/2012/05-02/9012-1.html）

本章小結

　　西方企業人力資源管理重心經歷著人事管理階段（人事管理萌芽階段、科學管理階段、人際關係管理階段、人事管理成熟階段）和人力資源管理階段（人力資源管理的提出、人力資源管理的發展）兩個階段。傳統人事管理和現代人力資源管理存在著一定的聯繫，但也呈現出很大的差異性。

　　中國企業人力資源管理重心經歷著計劃經濟下的勞動人事管理、轉型期的人力資源管理、新時期的人力資源管理三個階段，並且呈現出人力資源管理戰略化、人力資源管理全面化、人力資源管理國際化、人力資源管理電子化和人力資源管理職能優化等趨勢。

思考題

　　1. 泰勒在人事管理上提出了什麼思想和做法？

2. 梅奧在人事管理上提出了什麼思想和做法？
3. 傳統人事管理與現代人力資源管理有什麼聯繫和差異性？
4. 中國企業人力資源管理面臨什麼樣的問題？
5. 中國企業人力資源管理未來的趨勢是怎麼樣的？
6. 中國企業如何借鑒西方發達國家企業人力資源管理的思想和做法？

訓　練

有無「中國式」管理辯論

以班級為單位，以「有無『中國式』管理」為辯題展開辯論。

正方：有中國式管理

學界在中國式管理的研究上，大體有兩種傾向。一種是以理性的普適性為基準，以中國特有的情境為對象，力圖為中國式管理提供原理性貢獻。這種努力，在席酉民的「和諧管理理論」和顧基發的「WSR 系統」（物理、事理、人理）方法論中比較典型，而且已經取得了令人矚目的成果。另一種是以中國特有（或者大中華文化圈特有）的情境為基準，力圖形成區域性的普遍知識體系。這種努力，在蘇東水等人的「中國管理學」和「東方管理學」、曾仕強的「中國式管理」中比較典型，而且引起了社會的廣泛注意。

管理諮詢（包括管理培訓）中，強調中國式管理大體上也有兩種方式。一種是通過對中國情境的總結概括，試圖以科學方法對現實問題求解，以及對管理實踐者進行思想啟迪和素質修養方面的訓練；另一種是通過對具體案例的解剖發揮，提供具有中國特色的解決問題的技巧，以及給管理實踐者進行針對特定情境的應對性訓練。

管理實踐領域，對中國式管理的重視，往往來自於經理人的切身體驗。發展較好的企業，側重於以中國的傳統文化培育員工的良好行為規範，或者是用中國式教化手段消解員工與企業之間的內在張力。經營出現問題的企業，則更為垂青中國式管理，尤其是看重那些兵法權謀式的謀略和智慧，因為這類企業亟須解決眼下的問題，而技巧性內容更適用於見招拆招。

反方：無中國式管理

目前有些專家毫不掩飾他們對於枯燥無味的「數據」的反感。他們更喜歡人們學會用傳統的商業手段和所謂的企業政治化，使得中國企業管理在個人隨意性的管理下任性發展。

事實上，正是因為「組織數字化管理」取代了「個人隨意性管理」，現代企業才會快速駛入高速公路。或者說，假設不懂得組織如何自適應複製、崗位如何自我複製、流程如何標準銜接，那麼，所謂的企業做大做強做久就會成為一句空話。今天的中國企業必須面對「信息化管理」程度不高。其導致了崗位或流程的「可重複性」的缺失。而不能複製或重複的崗位或流程，則成了個人憑藉經驗的隨意性工作導致管理不夠規範的罪魁禍首。

毫不誇張地說，今天的企業管理，已經幾乎全部「數字化」了。從企業戰略設計到人力資源管理，「數字化」幾乎無所不在。各種管理和業務的指標數據收集/生成/處理/分析報告等一系列複雜的工作，形成對於企業組織戰略/業務流程/崗位職責等一系列的精確分析、合理配置與準確評估。這是一系列科學嚴謹的「數據」。在企業之間的效率競爭時代，「數據」成了支撐企業管理最關鍵的技術性手段。因此，「數據」本身既是效率產生的關鍵技術手段，也是效率實現的結果衡量標準；沒有嚴謹準確的數字意識，也就不存在效率管理意識。

今天的中國企業管理，必須學會面向績效和結果負責，必須學會整理和分析各種管理「數據」。因為「數據」是企業經濟管理活動的歷史痕跡，並且使得管理具有了可識別性和可複製性，從而使得管理變得確定並且面對結果負責。

實際上，早期的「數據化管理」演變至今，已經成了今天企業的職業化、標準化、流程化的基礎管理。雖然，職業化、標準化、流程化的基礎管理未必會使企業管理獲得成功，但是，缺乏了職業化、標準化、流程化的基礎管理，企業管理則一定不會成功。

案例閱讀

騰訊的 HR 三支柱——COE、HRBP、SDC 是如何分工落地的？

在眾多企業 HRBP 的實踐中，騰訊已把三支柱中 SSC（共享服務平臺）升級為 SDC（共享交付平臺）。

騰訊 SDC 的建立背景

騰訊近幾年的發展可用「超速」來形容。在這樣快速的組織與人員規模擴張下，騰訊 HR 開始思考：「一個怎樣的 HR 體系能夠支持騰訊的發展，做到既符合大公司的特點，又能夠靈活應對不同事業群（Business Group，以下簡稱

BG）的需求；不僅快速響應業務，還能快速制訂方案，深入挖掘出 HR 的附加價值?」由此，騰訊 HR 的變革拉開帷幕。

騰訊的 HR 運作模式建立在「更加關注業務需求」的基礎之上，從業務需求出發，衡量 HR 的價值定位。

（1）打造和強化 COE，確保 HR 與公司戰略發展緊密關聯，從前瞻與研發的角度確保 HR 站在戰略前沿，通過各種人力資源工具和方法的實施給予政策支撐。

（2）讓 HR 深入 BG，建立熟悉業務、懂業務的 HRBP 團隊。HRBP 團隊成員每天參與 BG 的業務會議，瞭解不同 BG 業務的個性化的特徵，對業務需求進行診斷，給出個性化的解決方案與項目管控。

（3）建立中間平臺，實現「資源共享、團隊共享、能力共享、信息共享」。通過高效的 EHR 信息系統，為各部門提供一站式 HR 解決方案，提高 HR 團隊的工作效率。

騰訊 HR 架構模式按照上述思路設計，在保持 COE 和 BP 職能角色的同時，於 2010 年設立人力資源平臺部，即 SDC（Shared Deliver Center，以下簡稱 SDC）。

騰訊 SDC 的定位

騰訊 SDC 通過對集團各區域共性 HR 解決方案的集成、E-HR 信息化的集成、人事營運服務的集成，實現對業務端 HR 共性需求的標準交付、員工端 HR 基礎事務的及時受理、HR 內部 COE 及 BP 端 HR 營運工作的有效剝離與整合支撐。

SDC 強調在共享和服務的基礎上，推進共性業務的支撐、標準化流程的管控、專業化整體解決方案的落地、服務效率和滿意度的提升。無論是對公司、業務單位，還是對 HR 內部的 COE 和 BP 而言，SDC 都是「可依賴、可減負、有長效營運機制和支撐能力」的資源共享、能力共享、團隊共享交付平臺，是專業的夥伴式服務和諮詢中心。

騰訊 SDC 的現狀

騰訊 SDC 現有員工約 120 人。除了薪酬部分（騰訊的薪酬部分具有特殊性，其內部建立了完整獨立的薪酬部門）外，日常 HR 營運支持部分的職責模塊已基本涵蓋。

騰訊的人力資源平臺部（SDC）從無到有，旨在讓騰訊的管理藝術完整傳承：一是把共性的 HR 事物傳承下來，讓總部的各類 HR 管理舉措在不同區域

無縫承接；二是讓處於不同發展階段的各個事業群的管理經驗，在公司層面、其他事業群運用。為此，人力資源平臺部建立了三個具有 HR 平臺特性的服務和諮詢機構：按區域集成的共性 HR 解決方案服務和諮詢機構、HR 信息化建設服務和實施機構、基礎人事營運服務和諮詢機構。

1. 按區域集成的共性 HR 解決方案服務和諮詢機構

SDC 區域 HR 共性解決方案服務團隊的職責，很清晰地被界定為從 HR 角度，為各 BG 的發展提供高效、周到、細緻的業務支持和服務管控，提供更讓公司和 BG 信任的 HR 共享資源管理平臺。具體表現為：

（1）負責區域的人才招聘、人才培訓、綜合 HR 事務服務平臺的建設和營運，確保公司各項 HR 戰略、政策、措施在區域的傳承和落地有充分的資源平臺支持。

（2）滿足區域業務長期發展和持續成功對 HR 專業服務支撐的需求。

（3）滿足區域員工對組織氛圍、各種 HR 服務的需求。

2. HR 信息化建設服務和實施機構

HR 全面信息化建設即人力資源體系經絡的構建，既需以人為本，並且將增值的流程保留，也需將人力資源體系的信息化脈絡搭建。其機構的職責具體表現為：

（1）輸出 HR 信息系統建設機制和流程，並推動其優化和落地執行，確保企業內部 HR 系統的有序性、高效性、安全性。

（2）深入挖掘和快速響應 HR 業務部門和 HR 系統用戶的需求，通過專業化需求分析，總結和提煉出與 HR 系統建設規劃相匹配的方案，並推動其開發實現。

（3）承擔 HR 系統的運維工作，跟蹤 HR 系統的運行健康度，通過各類數據分析，找尋 HR 系統待改進提升的「優化點」，並將其轉化為新的需求規劃，推動 HR 系統循環改進。

3. 基礎人事營運服務和諮詢機構

基礎人事營運服務和諮詢機構是以提高效率、降低成本、提升服務滿意度為目標，以共享、標準、高效為特點，處理各種 HR 重複性、操作性事務的集成化服務平臺。基礎人事營運服務和諮詢機構分為「經濟」基礎、營運管理、服務質檢體系三個層面：

（1）「經濟」基礎：底層的運維有效性管理，包括成本-價值理念、資源規劃與投放、關鍵指標體系。

（2）營運管理：包括營運平臺建設和信息系統建設兩個部分，涵蓋交付管理（業務接入、業務標準化、交付控製）、數據管理（服務數量、人力佈局）、作業平臺系統建設、呼叫系統建設、知識庫系統建設等多方面的內容。

（3）服務質檢體系：關注多維客戶，確保各種能力的循環改進。

關於騰訊人力資源部的轉型以及 SDC 的三大服務機構的整合串聯，騰訊舉了這樣的一個例子：

「例如在一個招聘活動過程中，HRBP 的關注點在於需求是否合理，人員是否合適；COE 的關注點在於通過什麼樣的方式和工具更好地識別需要的人才。而如何高效地納入人才、快速地滿足需求就需要人力資源平臺部統一處理與實現。例如前期的 cold-call 活動由基礎人事營運服務和諮詢機構承擔；而與 HRBP 實時溝通，明確需求特徵，並進行候選人篩選，由區域集成的共性 HR 解決方案服務和諮詢機構承擔；在整個招聘過程中，如何讓流程更順暢高效，需要 HR 信息化建設服務和實施機構負責。」

（資料來源：環球人力資源智庫——http://www.ghrlib.com/hrm/9276）

第三章　人力資源管理者的角色與職責

學習目標

1. 瞭解人力資源管理者的角色定位。
2. 瞭解直線管理者與職能管理者的人力資源管理職責。
3. 瞭解基於層次導向的人力資源管理體系結構、職責。
4. 瞭解基於業務導向的人力資源管理體系結構、職責。

關鍵術語

人力資源管理者角色（Role of Human Resource Managers）

人力資源管理者職責（Duty of Human Resource Managers）

直線管理者職責（Duty of Line Manager）

高層人力資源管理者職責（Role of Senior Human Resource Managers）

中層人力資源管理者職責（Role of Middle Human Resource Managers）

基層人力資源管理者職責（Role of Low-level Human Resource Managers）

一般人力資源管理者職責（Role of General Human Resource Managers）

HRBP 職責（Role of Human Resource Business Partner）

HRCOE 職責（Role of Human Resource Center of Expertise）

HRSSC 職責（Role of Human Resource Shared Service Centre）

人力資源管理者在支撐企業的競爭優勢、幫助企業獲得可持續的成長與發展中扮演著特殊的角色，承擔著特殊的職責。本章首先對人力資源管理者在企業中的角色定位重新進行界定；然後明確人力資源管理不僅是人力資源部門的職責，也是企業的高層管理者與直線管理者所必須履行的職責，是他們管理工作的組成部分；最後分析基於層級導向的人力資源管理體系結構、職責和基於業務導向的人力資源管理體系結構、職責。

第一節 人力資源管理者的角色

在人力資源管理職能面臨更高要求的情況下，人力資源管理專業人員應如何幫助組織贏得競爭優勢以及實現組織的戰略目標呢？人力資源管理者在組織中應當扮演好哪些角色呢？很多學者和機構都對此進行了研究。

一、人力資源管理者的角色模型

（一）戴維·烏爾里奇的四角色論

在人力資源管理者所扮演的角色方面，密歇根大學的戴維·烏爾里奇提出了一個如圖 3-1 所示的簡明分析框架。烏爾里奇認為，一個組織的人力資源管理者所扮演的角色主要反應在兩個維度上。一是人力資源管理工作的關注點是什麼；二是人力資源管理的主要活動內容是什麼。從關注點來說，人力資源管理者既要關注長期的戰略層面的問題，同時也要關注短期的日常操作層面的問題。從人力資源管理活動的內容來說，人力資源管理者既要做好對過程的管理，同時也要做好對人的管理。基於這樣兩個維度，就產生了人力資源管理者需要扮演的四個方面的角色，即戰略夥伴、行政專家、員工支持者以及變革推動者。[①]

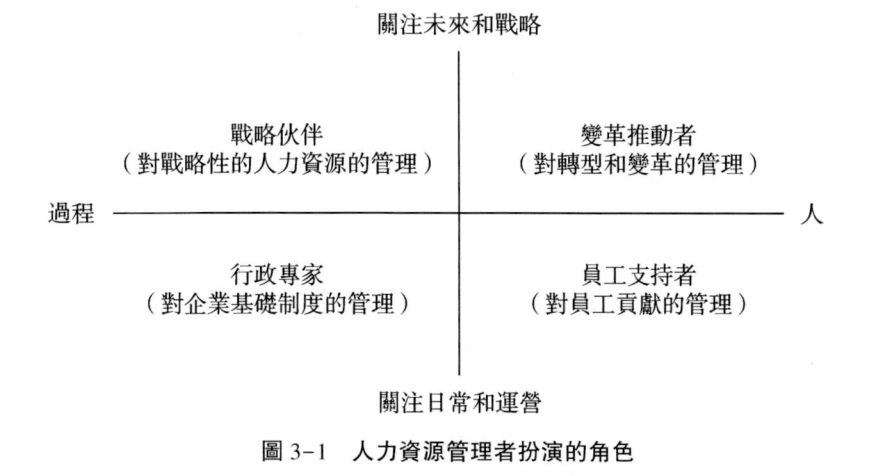

```
                   關注未來和戰略
                          │
        戰略夥伴          │      變革推動者
   （對戰略性的人力資源的管理）│（對轉型和變革的管理）
                          │
  過程 ─────────────────────┼───────────────────── 人
                          │
        行政專家          │      員工支持者
   （對企業基礎制度的管理） │  （對員工貢獻的管理）
                          │
                   關注日常和運營
```

圖 3-1 人力資源管理者扮演的角色

---

① 劉昕．人力資源管理 [M]．2 版．北京：中國人民大學出版社，2015：348-350．

（1）戰略夥伴。這一角色的主要功能是對戰略性的人力資源進行管理。也就是說，人力資源管理者需要識別能夠促成組織戰略實現的人力及其行為和動機，將組織確定的戰略轉化為有效的人力資源戰略和相應的人力資源管理實踐，從而確保組織戰略的執行和實現。

（2）行政專家。這一角色的主要功能是對組織的各種基礎管理製度進行管理。它要求人力資源管理者能夠通過制定有效的流程來管理好組織內部的人員配置、培訓、評價、報酬、晉升以及其他事務。

（3）員工支持者。這一角色的主要功能是對員工的貢獻進行管理。人力資源管理者必須主動傾聽員工的想法，瞭解他們在日常工作中遇到的問題、他們關注哪些事情以及他們的需要是什麼，再向員工提供各種資源以對他們的需要做出反應。

（4）變革推動者。這一角色的主要功能是對組織的轉移和變革過程加以管理。人力資源管理者既要做組織文化的守護神，同時也要成為文化變革的催化劑，積極促成必要的組織文化變革，從而幫助組織完成更新過程。

（二）雷蒙德·A.諾伊的四角色論

雷蒙德·A.諾伊指出人力資源管理者在現代企業中主要扮演四種角色：戰略夥伴、行政專家、員工激勵者和變革推動者。[①]

（1）戰略夥伴角色。人力資源管理戰略與企業的戰略保持一致，幫助企業戰略的執行。

（2）行政專家角色。人力資源管理者能夠設計和執行效率較高且效果較好的人力資源管理製度、流程以及管理實踐，其中包括對員工的甄選、培訓、開發、評價等。

（3）員工激勵者角色。人力資源管理者承擔著對員工的組織承諾和貢獻進行管理的任務。

（4）變革推動者角色。人力資源管理者能夠幫助企業完成轉型和變革，以使企業能夠適應新的競爭條件。

（三）華夏基石的六角色論

國內知名的華夏基石管理諮詢公司在對本土人力資源管理進行研究的過程中發現，要提高人力資源管理的戰略地位，實現人力資源管理與企業經營管理

---

① 雷蒙德 A 諾伊，等.人力資源管理：贏得競爭優勢［M］.劉昕，譯.5 版.北京：中國人民大學出版社，2005：7-8.

系統的全面對接，有效支撐企業的核心能力，幫助其在激烈的競爭中獲取競爭優勢，人力資源管理者必須在企業中扮演專家、戰略夥伴、業務夥伴、變革推動者、知識管理者與員工服務者六個關鍵角色。[①] 如圖 3-2 所示。

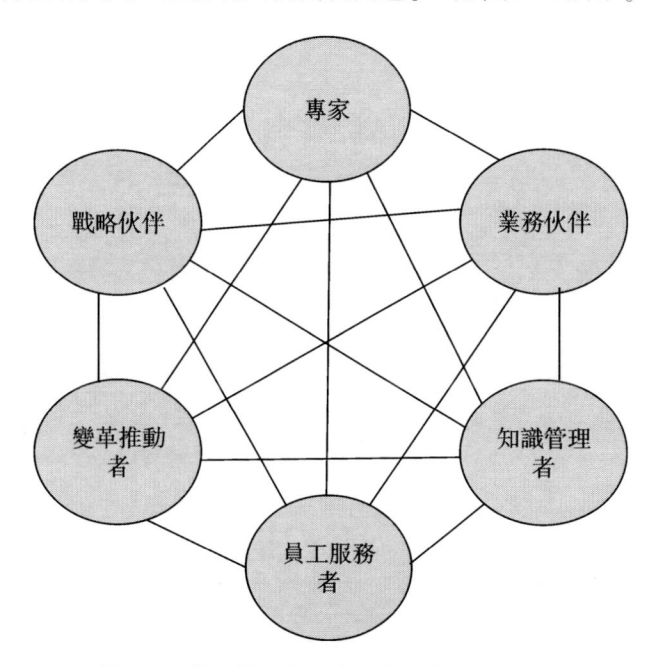

圖 3-2　華夏基石人力資源管理者六角色模型

（1）專家角色。人力資源管理者要專業化，要為企業人力資源問題提供專業化的解決方案，要以其人力資源專業知識與技能贏得組織成員的尊重。

（2）戰略夥伴角色。現代企業的人力資源管理者要能理解企業的戰略，熟悉企業的業務，具有很強的專業能力，能為企業提供系統化的人力資源管理解決方案。

（3）業務夥伴角色。人力資源管理者要懂得如何將人力資源管理的職能活動與企業業務系統相銜接，要善於與業務部門溝通，站在改善與推進業務的角度，以其專業知識和技能幫助業務經理解決實際問題，幫助業務經理承擔帶隊伍的責任，幫助業務經理提高工作績效。

（4）變革推動者角色。人力資源管理者要主動參與變革，通過相應的人力資源變革方案驅動組織變革。同時，組織在併購重組過程中，在危機與突發事件面前，都需要人力資源管理專業人員提供相應的配套解決方案。

---

① 彭劍鋒. 人力資源管理概論［M］. 2 版. 上海：復旦大學出版社，2011：34-36.

（5）知識管理者角色。通過知識管理平臺的構建，員工借助知識管理系統可以放大每個人的能力，提高每個人的工作績效。

（6）員工服務者角色。人力資源管理者要幫助員工獲得人性的尊重，維護員工的相關利益，指導、幫助員工進行職業生涯設計，將員工當客戶，及時提供員工所需要的支持與服務。

（四）人力資源管理者的三支柱模型

三支柱模型引領了幾乎所有跨國公司的人力資源部門再造。企業通過簡化流程、標準化流程、整合流程、優化流程和更新技術，逐漸形成人力資源共享服務中心，繼而實現更有效的人力資源「三角形」服務模式。三支柱服務模式的三個支柱分別是：人力資源業務夥伴（HRBP）、人力資源專業部門專家（HRCOE）和共享服務中心（HRSSC）。如圖3-3所示。

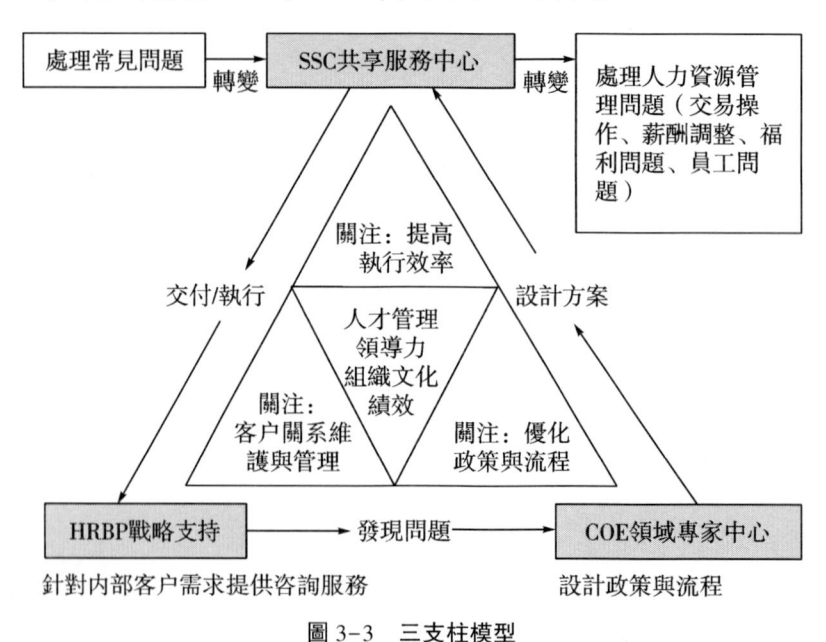

圖3-3 三支柱模型

（1）HRBP角色。他們主要的時間用於挖掘內部客戶需求，提供諮詢服務和解決方案。他們是確保HR貼近業務需求，從職能導向轉向業務導向的關鍵。

（2）HRCOE角色。類似於人力資源管理的技術專家，他們借助本領域精深的專業技能和對領先實踐的掌握，負責設計業務導向、創新的人力資源管理政策、流程和方案，並為HRBP提供技術支持。

（3）HRSSC角色。HRSSC是HR標準服務的提供者。他們負責解答管理者和員工的問詢，幫助HRBP和HRCOE從事務性工作中解脫出來，並對服務

的滿意度和卓越營運負責。

二、人力資源管理者對戰略形成的影響

自 DYER 等提出，人力資源管理者在組織中扮演的角色，應從「服務傳遞」轉變為「戰略夥伴」以來，諸如戰略參與者、變革塑造者、變革助推劑、變革代言人等概念也相繼出現。但是，僅僅探討人力資源管理者應當在組織中「是什麼」、具有怎樣的戰略地位，並不具有現實意義，更重要的是，對人力資源管理者到底應該「做什麼」做出解釋。

人力資源管理者可以通過信息管理流程和工作管理流程對戰略形成施加影響。前者包括自上而下、自下而上和橫向的信息流動，後者包括員工承擔工作責任與人力資源部門承擔員工管理的責任。自下而上的信息流動為組織導入戰略的雛形，涉及戰略演化中的變異過程；自上而下的信息流動使得人們重複過去的經驗，其帶來組織穩定性的同時，也帶來了戰略慣性；橫向的信息流動視目的需要，既可能帶來產出效率，又可能促進組織內創新。另外，組織溝通的內容圍繞工作展開，組織依靠一線員工與外部環境發生交互。由此，必須使工作本身具有意義，員工才能承擔工作責任，發揮在戰略形成中的先導作用；同時，組織依靠直線經理對戰略變異做出選擇，因此，必須使直線經理承擔起對員工管理的完全責任，才能使戰略演化的路徑暢通，才能使組織發揮整體功能。

戰略性人力資源管理活動的管理對象並非人，而是組織，使組織中的工作具有意義，使組織中的人承擔責任，使組織內的信息暢通；同時，在管理過程中，把握戰略形成各機制之間的相互影響，把握組織的靈活性與穩定性的兩難。戰略性人力資源管理活動的最終成果是提交面向戰略形成與演化的組織能力。在該意義上，戰略性人力資源管理在戰略形成的過程中做出貢獻，人力資源管理者成為面向戰略形成與組織能力的方法論專家。

學習資料 3-1

人力資源管理者角色如何進行轉變？

隨著經濟的快速發展和全球化進程的不斷加快，複雜的市場環境對企業提出了嚴峻的挑戰。企業面臨勞動力成本上升與優秀人才的吸引、配置和保有的難度加大等與企業生存和發展有關的種種挑戰。人力資源管理作為企業管理的重要組成部分，是企業在激烈競爭中賴以生存和發展的重要保證，對企業的發

展起到了至關重要的作用。

越來越多有識之士認識到人力資源管理戰略轉型的成功與否將決定企業的未來。人力資源管理的理念體現了三個方面的轉變：

由戰術型向戰略型轉變

人力資源管理者角色由戰術型向戰略型轉變。即強調在激烈的市場競爭條件下，人力資源管理同企業總體戰略緊緊地結合在一起，服從總體戰略，支持總體戰略，為企業總體戰略目標服務。

由分模塊建設向系統建設轉變

人力資源管理由分模塊建設向系統建設轉變。要提升組織能力，就涉及整個人力資源管理機制與系統建設問題。要改變過去那種頭痛醫頭、腳痛醫腳的狀況，要優化人力資源管理機制與體系，構建系統的人力資源管理體系。

可用性向重視員工發展性轉變

人力資源管理由強調人力資源可用性向重視員工發展性轉變。隨著技術日新月異的發展，知識員工隊伍的擴大，企業必須使人力資源管理的重心從原來對可用性的重視轉向對發展性的強調，建立以培育企業核心能力為中心的人力資源管理體系。

這同時給HR自身角色的轉變提出了方向。第一個轉變是成為人力資源管理的專家，第二個轉變是成為業務夥伴，第三個轉變是成為業務發展的專業服務提供者。首先，要通過對企業現有資源和能力的評價，知道企業自身的優勢和短板以及改進的方向。其次，要善於創新機制整合內外部的資源，提升短板，為業務發展搭建各方面的能力支持和保障體系。最後，要不斷儲備公司發展需要的資源和能力，應對公司發展的潛在危機和挑戰。

（資料來源：時代光華管理培訓網——http://www.hztbc.com/news/news_32113.html）

第二節　人力資源管理者的職責

現代人力資源管理越來越強調人力資源管理不僅是人力資源管理部門的事情，也是各級直線管理者的事情。同時，在人力資源管理部門內部，職責劃分也越來越明晰。

一、直線管理者和職能管理者的人力資源管理職責

從某種意義上說，所有管理者都是人力資源管理者，因為他們都要參與像

招募、面試、甄選和培訓等人力資源管理活動。直線管理者的人力資源管理職責和職能管理者的人力資源管理職責有一種什麼關係呢？

(一) 直線管理者的人力資源管理職責

一位管理專家指出：「對於每一位直線管理人員來說，直接處理人的問題是並且始終都是他們管理職責當中不可或缺的一個組成部分。上至公司的總裁，下到最基層的管理人員，都是如此。」

例如，一家大公司把其直線管理人員所應當承擔的有效管理人力資源的職責概括為以下幾個方面：

◆把合適的人放到合適的位置上。
◆引導新員工融入組織中。
◆培訓員工適應新的工作。
◆改善每位員工的工作績效。
◆爭取達成創造性的合作，並且建立和諧的工作關係。
◆解釋公司的政策和程序。
◆控製勞動力成本。
◆開發每一位員工的能力。
◆創造和維持較高的部門內員工士氣。
◆保護員工的健康和身體狀況。

(二) 職能管理部門的人力資源管理職責

在一些小型企業中，直線管理人員可能會在沒有任何職能人員協助的情況下，獨自承擔以上所有人事職責。但是隨著組織規模的擴大，他們就需要協助、一些專業化的知識以及來自獨立的人力資源管理部門所提供的建議和幫助。因此，人力資源管理部門要向直線管理人員提供一種專業化的幫助。

1. 加里·德斯勒提出的人力資源管理部門職責[1]

(1) 協調職責。人力資源管理部門就如同「高層管理人員的左膀右臂」，要確保直線管理人員能夠遵守企業的人力資源目標、政策和程序。

(2) 人事（服務）職責。為直線管理者提供支持和建議是人力資源管理人員最基本的工作之一，比如人力資源管理人員需要協助直線管理人員完成員工的招聘、培訓、評價、諮詢、晉升以及解雇等方面的工作。此外，人力資源管理人員還負責管理各種福利計劃。他們還要協助直線管理者遵守公平就業機

---

[1] 加里·德斯勒. 人力資源管理 [M]. 劉昕，譯. 12版. 北京：中國人民大學出版社，2012：7-9.

會和職業安全方面的法律規定,並且在處理各種爭議以及勞資關係的時候扮演重要角色。不僅如此,人力資源管理部門還扮演著「創新者」的角色。他們要為直線管理人員提供「有關當前發展趨勢和解決問題的新方法方面的最新信息」。另外,他們要幫助企業界定管理層應當如何對待員工,以確保員工能夠抵禦不公正管理實踐的侵害。在今天的大多數企業中,人力資源管理人員還通過幫助企業的高層管理人員制定和執行企業戰略來發揮戰略作用。

2. 雷蒙德·A.諾伊提出的人力資源部門職責

在雷蒙德·A.諾伊等人所著的《人力資源管理:贏得競爭優勢》(第五版)一書中,列舉了在美國公司中人力資源管理部門通常所履行的職責。[①] 其具體內容見表 3-1。

表 3-1　　　　　　　諾伊提出的人力資源管理部門職責

雇用和招聘	面試、招募、測試、臨時性人員調配
培訓與開發	新員工上崗培訓、績效管理方面的技能培訓、生產率強化
薪酬	工資與薪金管理、工作描述、高級管理人員薪酬、激勵工資、工作評價
福利	保險、帶薪休假管理、退休計劃、利潤分享、股票計劃
雇員服務	員工援助計劃、員工的重新安置、被解雇雇員的再就業服務
員工關係	員工態度調查、勞工關係、公司出版物、勞工法律的遵守、員工紀律關係
人事記錄	人力資源管理信息系統、各種人事記錄
健康與安全	安全檢查、毒品測試、健康、健身
戰略規劃	國際化人力資源、人力資源預測、人力資源規劃、兼併與收購

3. 彭劍鋒提出的人力資源管理部門職責

彭劍鋒在對中國企業的人力資源管理現狀和問題進行研究的基礎上,提出中國企業人力資源管理部門應該承擔的 10 項工作職責。[②] 其具體內容見表 3-2。

[①] 雷蒙德 A 諾伊,等.人力資源管理:贏得競爭優勢 [M].劉昕,譯.5 版.北京:中國人民大學出版社,2005:5.

[②] 彭劍鋒.人力資源管理概論 [M].2 版.上海:復旦大學出版社,2011:39-40.

表 3-2　　　　　　　　彭劍鋒提出的人力資源管理部門職責

人力資源戰略規劃	·戰略解讀與分析 ·人力資源盤點與戰略需求差異性分析 ·進行行業最佳人力資源實踐研究與差異性分析 ·人力資源市場供給情況分析 ·人力資源規劃的價值取向與依據研究 ·組織建設規劃 ·人力資源總量與結構規劃：人力資本投資發展規劃、職位系統規劃、勝任能力系統規劃、人力資源結構規劃 ·核心人才隊伍建設規劃：核心人才素質能力提升及職業發展通道規劃 ·戰略性人力資源職能活動規劃
職位管理系統的構建與應用	·業務結構、組織結構與流程的深刻認識與理解 ·職能、職類、職種體系的設計與構建 ·在職能、職類、職種的基礎上設計職位體系
勝任能力系統的構建與應用	·全員通用的勝任力體系（核心勝任力體系）構建 ·領導者勝任力體系構建 ·專業領域勝任力體系構建 ·關鍵崗位勝任力體系構建 ·團隊勝任力體系構建
招聘與配置	·開闢招聘渠道，廣納人才，建立人才儲備庫 ·選擇各類人員甄選工具量表 ·實施人員甄選錄用程序，挑選所需的人才 ·招聘效果評估 ·崗位的分配
績效管理	·績效指標體系與考核標準的設計 ·績效實施、溝通與輔導 ·績效考核與反饋 ·考核結果應用 ·績效改進 ·績效考核方法的選擇
薪酬管理	·確定薪酬哲學及薪酬策略 ·通過外部薪酬調查、行業比較等方式確定薪酬水平 ·公司內部薪酬結構設計 ·薪酬水平及薪酬結構調整 ·日常薪酬管理 ·福利管理

表3-2(續)

培訓與開發	・培訓體系建設及培訓方案設計 ・培訓預算管理 ・培訓實施與效果評估 ・管理者能力開發和評價 ・員工職業生涯規劃
再配置與退出	・競聘上崗製度建設與實施 ・末位淘汰製度建設與實施 ・人員退出機制建設與實施 ・通過輪崗等方式提高人崗匹配度
員工關係管理	・勞資協調、勞資糾紛、集體談判、對就業立法建議 ・人事申訴處理，員工基本權益保障 ・員工人事關係日常管理（入職、離職手續辦理，合同簽訂等） ・員工滿意度、忠誠度、信任度調查 ・員工心理健康援助計劃
知識與信息管理	・知識收集與整合管理 ・知識應用管理 ・知識共享管理 ・知識創新管理

(三) 直線管理者與職能管理者在人力資源管理方面的合作

哪些人力資源管理活動是由直線管理人員完成的，而哪些人力資源管理活動又是由職能管理人員完成的呢？事實上，沒有一種單一的職責劃分方法能夠適用於所有的企業。

比如，在招聘方面，一般首先由直線管理人員負責確定某些特定空缺職位所需具備的任職資格。然後，人力資源管理部門的人員接著完成下面的工作。他們通過一定的渠道為組織獲得一批合格的求職者，然後對求職者進行初步的甄選和面試。他們還要對求職者進行適當的測試，然後將最好的求職者推薦給各級主管人員，由主管人員對這些人進行面試、加以甄選並最終確定哪些人是想要的。

某些人力資源管理活動卻通常是由人力資源管理部門單獨完成的。調查顯示，83%的企業將雇用前的測試工作完全交由人力資源管理部門負責；75%的企業把到大學去招募的工作完全分派給人力資源管理部門；86%的企業要求人力資源管理部門承擔員工的保險福利管理工作；84%的企業將員工離職面談工作交給人力資源管理部門；還有88%的企業要求人力資源管理部門保管人力資

源記錄。但是儘管如此，企業還是要求人力資源管理部門和直線管理部門之間在大部分人力資源管理工作活動（比如面試、績效評價、技能培訓、工作描述以及懲處程序等）上進行分工和合作。

學習資料 3-2

華為公司人力資源管理部工作職責

（1）根據公司總體業務發展戰略的需要，提出相應的人力資源戰略，組織制定全球人力資源政策，並實現對公司全球人力資源業務的管理。通過對人力資源體系與機制的完善與推行，為公司業務正常運作及發展提供人力資源支持，促進公司商業目標的達成。

（2）根據公司政策導向，建立和完善公司人力資源管理機制，通過人力資源管理體系的高效和有效運作，促進公司業務順利開展。

（3）根據公司業務發展戰略，組織制定中長期人力資源發展規劃及政策並實施，確保公司中長期業務發展得到人力資源的有效支持。

（4）根據公司業務發展狀況，通過制定有效的績效管理和激勵政策並組織實施，提高公司整體競爭力，促進公司可持續發展。

（5）建立、完善並推行有利於員工成長的職業發展機制，通過培訓、培養和任職資格管理，促進員工能力的提升和人崗匹配。

（6）根據行業特徵、公司的戰略及公司員工總體特性，營造積極向上的工作氛圍，建設良好的企業文化，促進員工與公司關係的和諧發展。

（7）根據公司價值導向，制定薪酬福利政策並實施，提出合理的薪酬結構和薪酬標準，對員工進行及時、有效的激勵，持續吸引、保留優秀人才和關鍵員工。

（8）基於公司全球化戰略，參考國際慣例，結合業務需求，建立並優化海外人力資源管理體系，制定相應政策，以促進國際業務的拓展。

（9）根據公司對人力資源體系的要求，建立公司人力資源組織架構、人員體系和幹部後備隊伍及運作機制，促進人力資源體系的成長滿足業務的需要。

（資料來源：道客巴巴——http://www.doc88.com/p-0823763805347.html）

華為公司管理者的人力資源管理職責

各級管理者是公司人、財、物、信息等各項資源的具體掌管者。在這些生產力要素中，人是最積極、最活躍、也最具有創造性的要素。財、物、信息等

資源也只有通過人對其的合理使用與組合才能發揮更大的價值。各級管理者作為公司各項資源的掌管者，負有使這些資源為公司創造更大價值的直接使命。故各級管理者要使用好這些資源，首先要使用好人。正如公司在幹部管理中強調的，「各級管理者首先是一個人力資源管理者」。

（1）人力資源管理不只是人力資源管理部門的工作，而是全體管理者的職責。

（2）各部門管理者有責任記錄、指導、支持、激勵與合理評價下屬人員的工作，負有幫助下屬人員成長的責任。

（3）下屬人員才干的發揮與對優秀人才的推薦是決定管理者的晉升與人事待遇的重要因素。

（資料來源：道客巴巴——http://www.doc88.com/p-0823763805347.html）

二、基於層次的人力資源管理體系、組織結構及職責

在組織結構中，不同層次人員承擔著特定的人力資源管理職能。如果要實現人力資源管理戰略目標，必須依託各級組織結構，發揮各個組織層次及其相關人員的作用。

（一）基於層次的人力資源管理體系

1. 三層次人力資源管理體系

侯光明提出了三層次人力資源管理內容體系：在人力資源管理的三個層次體系中，各具體層次的組織層次、實施主體、工作重點，以及人力資源管理的主要內容各有側重。[①] 三個層次的人力資源管理內容體系如表3-3所示。

表3-3　　　　　　　三個層次的人力資源管理內容體系

層次	實施主體	工作重點	人力資源管理主要內容
戰略層	組織高層	規劃與決策	總體管理 人力資源戰略與規劃
職能層	職能部門	組織實施與持續改善	工作分析、招聘與配置、績效管理、薪酬與福利管理、培訓管理、勞動關係管理
素質層	職能部門與員工個體	執行、開發與持續提高	員工素質管理 職業生涯管理

[①] 侯光明. 人力資源管理［M］. 北京：高等教育出版社，2009：27.

(1) 戰略人力資源管理。戰略人力資源管理處於組織的最高層次，其實施主體是組織高層管理者，工作重點是以宏觀、整體、全局和長遠的觀點進行組織人力資源管理戰略思考，制定組織人力資源管理規劃，確定組織人力資源管理戰略目標，對組織人力資源進行整體管理。

戰略人力資源管理將決定和影響組織未來的發展方向。其主要內容包括以下四個方面：一是從更宏觀的視角分析判斷組織的環境、機遇和威脅，制定適合組織發展的人力資源管理的戰略目標和發展方向；二是從宏觀層面為組織人力資源管理和發展進行整體和全局性的規劃，並制定相應的人力資源管理決策；三是為各部門確定不同階段的工作規格要求和分解工作目標；四是確定人力資源管理的具體內容、模式和策略。

(2) 職能人力資源管理。職能層次處於組織中間層次，其實施主體是人力資源管理部門，工作重點是組織實施人力資源管理並持續完善人力資源管理職能。其主要內容包括六個方面：一是工作分析；二是招聘與配置；三是績效管理；四是薪酬與福利管理；五是培訓管理；六是勞動關係管理。

(3) 素質人力資源管理。素質層次處於組織基層，其實施主體包括職能部門與員工個體。其工作重點是執行各項人力資源管理的具體工作，完成各部門安排的各項具體工作任務，在本職工作中發揮自身特長與素質特點，培養對本職工作的勝任能力，並制定職業生涯規劃，持續地完善和提高自己的核心能力。其主要內容包括素質與勝任力、職業生涯規劃。

2. 四層次人力資源管理體系

也有學者把企業人力資源管理分為四個層次：規章製度與業務流程（基礎性工作）、基於標準化業務流程的操作（例行性工作）、人力資源戰略（戰略性工作）以及戰略人力資源管理（開拓性工作）。

(1) 基礎性工作主要指要建立起企業人力資源運作的基礎設施平臺。這個平臺首先要包括一套完善的人力資源管理規章製度。這是人力資源管理部門一切管理活動的企業內部「法律依據」。但如果沒有標準化的操作流程支撐，管理的規章製度在具體操作上或多或少會存在因人而異的混亂現象。對人力資源管理者而言，如果解決不了操作層面的問題，人力資源管理就會成為紙上談兵。因此，建立一套有效的人力資源管理操作流程，是人力資源管理邁向實務的重要保障。

(2) 例行性工作是在規章製度與標準操作流程這一基礎設施平臺之上進行

操作的,主要包括人力資源規劃、員工招聘、檔案、合同、考勤、考核、培訓、薪資、福利、離職等管理內容。應該說,例行性工作的一個特點,就是其中的大部分工作都是基於經驗的重複勞動,瑣碎煩雜,缺乏創造性,占用了人力資源管理人員大量的時間,但又是人力資源管理中不可迴避的基本事務。由於這部分工作幾乎無法從本質上對企業的核心價值產生影響,將它們外包給社會上的專業服務公司或顧問人員已經逐漸成為一種趨勢。

(3)戰略性工作要求人力資源管理者能站在企業發展戰略的高度,主動分析、診斷人力資源現狀,為企業決策者準確、及時地提供各種有價值的信息,支持企業戰略目標的形成,並為目標的實現制訂具體的人力資源行動計劃。人力資源戰略是企業人力資源部門一切工作的指導方針。

(4)開拓性工作則強調人力資源管理要為企業提供增值服務,為直接創造價值的部門提供達成目標的條件。人力資源管理部門的價值,是通過提升員工的效率和組織的效率來實現的。而提升員工與組織績效的手段,就是要結合企業戰略與人力資源戰略,重點思考如何創建良好的企業文化、個性化的員工職業生涯規劃、符合企業實際情況的薪酬體系與激勵製度,並特別關注對企業人力資源的深入開發。實際上,對人才的吸引、使用、保持以及培養等工作的成敗,關鍵不在於日常的管理工作是否到位,而在於是否營造了一個適於人才工作與發展的環境。這個環境的創造,就需要人力資源管理者在開拓性工作上花更多的時間與精力。

學習資料 3-3

沃爾瑪三層次人力資源管理體系

與其獨特的運行機制相適應,沃爾瑪公司建立了一整套有效的內部人力資源管理體系——由總部、區域和門店三個層次的人力資源部分別承擔「業務專家中心」「共享服務中心」和「前線業務夥伴」的職能。三者之間既有不同的分工,也能很好地協同作戰,從而形成了沃爾瑪公司獨特的人力資源服務模型。

總部人力資源部既為總部業務部門提供具體的人力資源服務(如招聘、培訓、績效管理、薪酬設計、人員開發等),又是整個公司人力資源方面的「業務專家中心」。它負責制訂公司層面的人力資源戰略和實施計劃,負責人力資源業務流程的設計與改造,同時還為各區域及分支機構的人力資源部提供專業

支持和政策引導，以確保各業務部門能夠得到及時、有效的人力資源服務。

區域人力資源部承擔著「前線業務夥伴」和「共享服務中心」的雙重角色。首先，它起著承上啓下的作用。一方面，它代表總部向門店宣傳公司的人力資源戰略和政策導向；另一方面，它又要向總部及時反應一線的需求，從而保證總部與門店人力資源工作的緊密銜接。其次，為了整合資源、提高效率，區域人力資源部也是「共享服務中心」，為區域內各一線門店提供直接、高效的人力資源解決方案和專業支持。

門店人力資源部服務於一線的門店，是公司核心業務的「前線業務夥伴」。眾所周知，零售業是典型的勞動密集型行業。員工的工作能力、服務意識和工作態度，直接影響著顧客購物的便利性和心理感受。因此，沃爾瑪公司大力提倡 HR 人員積極走到營運部門中去，更多地瞭解一線部門的工作狀況。

為了更好地承擔起「前線業務夥伴」的職責，他們必須是人力資源工作的「現場」專家，為一線員工及門店管理人員提供面對面的人力資源服務。同時，他們還必須是調研能手，及時收集來自一線的正反兩方面的信息，並將這些信息迅速反饋給區域乃至總部的人力資源部，以便及時調整有關政策規劃，並進一步促進整個公司的人力資源管理水平的提高。

（資料來源：豆丁網——http://www.docin.com/p-1302231207.html）

（二）基於人力資源管理體系層次論的人力資源管理組織結構

由於人力資源管理體系具有層次性，在組織架構上，人力資源管理工作也應該分成不同層級。陳萬思將企業人力資源管理人員劃分為四個部分（按照管理層次由低到高排序）：一般、基層、中層與高層人力資源管理人員，形成了四個管理層次。[①] 如圖 3-4 所示。當然，企業規模越大，設置的層級會越多。在構建人力資源管理部時，大型企業可以按照上述四個管理層次設置，中型企業一般設置三個管理層次，小型企業大多僅設兩個管理層次。總之，企業應根據自身的規模大小、發展需要等靈活設置人力資源部及其職位，其中的若干個管理層次與職位可以不設；通常，一些企業將其中若干個職位合併設置成幾個綜合性的職位。

---

① 陳萬思. 中國企業人力資源管理人員勝任力模型研究 [D]. 廈門：廈門大學，2004.

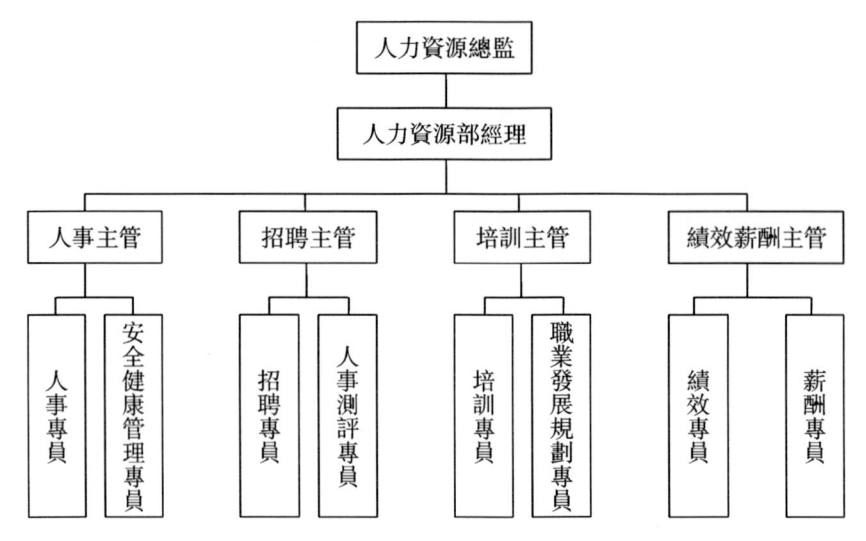

```
                    ┌──────────────┐
                    │  人力資源總監  │
                    └──────┬───────┘
                    ┌──────┴───────┐
                    │ 人力資源部經理 │
                    └──────┬───────┘
        ┌──────────┬───────┴────────┬────────────┐
     人事主管    招聘主管         培訓主管      績效薪酬主管
      ┌─┴─┐      ┌─┴─┐            ┌─┴─┐         ┌─┴─┐
    人事  安全   招聘  人事       培訓  職業    績效  薪酬
    專員  健康   專員  測評       專員  發展    專員  專員
          管理         專員             規劃
          專員                          專員
```

圖 3-4　四層次人力資源管理組織結構圖

（三）各層次人力資源管理職位職責

1. 高層人力資源管理職位

最常見的職位名稱：人力資源總監、分管人力資源管理的副總經理等。

◆參與企業發展戰略的制定。

◆在上級的指導下，組織制定企業的人力資源戰略。

◆根據上級的授權，推動企業文化的內化與完善。

◆參與企業內部流程設計與調整，側重人力資源管理工作流程建設。

◆根據上級的授權，組織企業重大人事決策的討論。

◆根據上級的授權，組織各部門分析崗位工作職責、任職資格及考核標準。

◆指導人力資源部開展工作。

2. 中層人力資源管理職位

最常見的職位名稱：人力資源部（副）經理等。

◆參與制定人力資源戰略。

◆協助上級推動企業文化建設。

◆為企業重大人事決策提供建議和信息支持。

◆在上級的指導下，組織制定或修訂企業人力資源管理的政策及各項製度，經批准後執行。

◆組織人力資源部員工，為企業其他部門提供人力資源管理諮詢與支持

服務。

◆在上級的指導下，組織設計、推行、調整、改進人力資源管理工作流程。

3. 基層人力資源管理職位

最常見的職位名稱：人事主管、招聘主管、培訓主管等。

◆收集企業內外部相關資料，提供人力資源政策的初步選擇方案。

◆分析企業目前的人力資源配置狀況，預測企業人力資源需求，分析勞動力市場供求信息，制定人力資源規劃。

◆根據企業內外部情況與戰略需要，在上級的指導下，組織制訂員工招聘、解聘計劃，經上級批准後落實，並評估其實施效果。

◆組織瞭解每位員工勝任所從事工作的程度，對不能勝任的員工提出換崗或培訓建議。

◆根據企業內外部情況與戰略需要，在上級的指導下，進行崗位分類，分別制訂相應的薪酬福利方案，經上級批准後落實。

◆擬定績效管理製度及其具體實施辦法，協助各部門開展績效考核工作，定期分析績效管理工作成效，提出與之配套的相關建議，並及時調整、修正、改進該製度。

◆根據企業發展需要與員工個人發展需要，組織制定企業培訓規劃及年度培訓計劃，經上級批准後組織實施。

◆根據上級的授權，負責組織相關部門和員工開展專業技術人員的職稱評定。

◆根據上級的授權，指導有關部門編寫或修訂職位說明書，確定人員編制等。

◆組織策劃各類員工活動，建立良好的企業氛圍。

◆建設與維護員工溝通渠道，處理員工投訴、勞動糾紛等。

◆定期組織員工滿意度調查，撰寫調查報告，提交上級。

◆組織編制《員工手冊》，並定期修訂、更新。

◆組織編制人力資源費用預算。

4. 一般人力資源管理職位

最常見的職位名稱：人事專員、招聘專員、培訓專員、勞資專員等。

◆定期統計用人情況，匯總各部門崗位餘缺數，分析人員異動情況；根據部門需求，提出內部調劑或解聘、外部招聘的方案。

◆負責員工招聘的具體工作，設計崗位招聘流程，利用適當招聘渠道發布招聘信息，全程參與招聘環節等。

◆收集、匯總、整理員工工作日誌，指導員工進行工作分析，協助各部門開展工作評價、定崗定編等工作。

◆建立並維護人力資源信息系統，構建並維護專業人才庫，追蹤優質人力資源。

◆收集、整理、更新人力資源信息，更新公司人力資源管理網頁內容、員工資料等，製作人事月報。

◆瞭解企業內部各部門的培訓需求，指導員工設計職業發展道路與提出培訓需求，形成培訓計劃；經上級批准後，挑選培訓機構，跟蹤培訓全過程，收集受訓人員的反饋意見，評估培訓效果。

◆負責新員工實習安排工作，配合其他部門開展培訓、技能鑒定工作，組織專業技術崗位培訓、考試；組織企業內員工進行證書年檢、換證及職稱評審。

◆負責計算企業員工薪酬（工資、獎金、津貼等）及稅收，製作員工薪酬名冊，編制員工工資表，並上報上級主管部門填報資金使用、人事月報等統計表。

◆收集各部門對薪酬福利方面的意見與建議，形成報告；回答員工關於薪酬福利保險方面的問題，並將某些問題及其回答加入《員工手冊》。

◆建立養老保險、醫療保險、工傷保險、生育保險、失業保險等保險的員工帳戶及員工計生檔案；負責勞保用品、新員工制服的管理與發放，社會保險申請、增減手續辦理，養老保險手冊及醫保 CI 卡發放，社會保險繳費核對，住房公積金繳費申報、更改和核對等工作；與社保中心、醫保中心等機構定期聯繫、核對、結算。

◆負責日常考勤監督、統計，定期整理員工排班記錄、工作表現記錄，匯總員工請假、節假日加班天數等。

◆建立員工績效考核檔案，根據績效考核結果，提出員工培訓、轉崗、待崗等意見；開展績效管理面談，接受員工對績效管理結果的申訴。

◆擬定人事檔案管理製度，負責員工個人資料的建檔、保管、整理與更新及員工花名冊製作；與退休管理中心聯繫，移交退休人員檔案及其他工作。

◆負責擬定勞動合同，以及續（解）約表的通知、發放等，及時為員工辦理勞動合同簽訂、續訂、變更、解除、終止等手續。

- ◆ 負責勞動爭議調解，以及離職人員資料分析，開展離職面談。
- ◆ 組織各類員工開展業餘活動，如旅遊、公司週年慶典、年終聚餐等。
- ◆ 負責出國（境）員工的政審等工作。
- ◆ 組織勞動紀律大檢查、抽查，執行企業規定的勞動安全與保健措施。
- ◆ 辦理因工受傷員工的工傷等級鑒定等有關工作，及時進行工傷申報、統計、審核和落實工傷員工待遇，及發放撫恤金。

學習資料 3-4

人力資源應由中層管理者管理

企業是否能夠培養人，發揮人力資源管理的效用，保持企業的穩定，是需要中層管理者的努力和付出的。這可以更直接地理解為人力資源管理工作應該是所有中層管理者的職責，而不是人力資源部的職責。人力資源部的職責是業務分工，而培養人和選拔人的工作是中層管理者自身的工作。關於人的這個部分，也就是人力資源的管理，不是由人力資源部做的，而是由企業整個中層管理者做的。

為什麼人力資源管理工作由中層管理者負責而不是由高層管理者負責？因為只有中層管理者才會面對企業所有的員工，高層管理者能夠接觸的員工很有限，只有中層才會廣泛地面對所有的員工，而人力資源管理的主要職能就是發揮所有人的能力，培養人和任用人。

同時，中層管理者能夠培養很多人，可以肯定這個公司是穩定的。所以，中層管理者最重要的貢獻就是公司的穩定和效率。

（資料來源：經理人分享——http://www.managershare.com/post/161275）

三、基於業務導向的人力資源管理者職責

和按照職能模塊來劃分人力資源管理者的職責不同，在人力資源管理三支柱模型下，人力資源管理者的角色和職責是按照業務導向來劃分的，即 HRCOE（人力資源領域專家）、HRSSC（人力資源共享服務中心）、HRBP（人力資源業務合作夥伴）。

按照業務導向來劃分人力資源管理者的角色和職責的好處是，能同時實現業務導向和公司整體的一致性。很多公司的人力資源管理面臨的困境是，滿足了某個業務部門的需要，就會影響整個公司的一致性，如果不滿足某個業務部

門的需要，其又會抱怨人力資源管理者不解決問題。通過這種劃分，HRBP 的使命是確保人力資源管理實現業務導向，貼近業務解決問題；HRCOE 的使命是確保全公司政策、流程和方案框架設計的一致性，並基於 HRBP 反饋的業務需求，在整體一致的框架下保留適度靈活性；而 HRSSC 的使命是確保全公司服務交付的一致性。這三個支柱共同作用，從而實現矛盾的平衡。它們的具體職責如下：

1. HRCOE 的職責

◆運用領域知識設計業務導向的、創新的 HR 政策、流程和方案，並持續改進其有效性。

◆管控政策、流程的合規性，控製風險。

◆對 HRBP/HRSSC、業務管理人員提供本領域的技術支持。

◆開發新方案和推廣計劃，並與人力資源業務活動一起實施。

2. HRSSC 的職責

◆集中的人事行政服務。這些人事行政服務主要包括人員招聘、薪資核算、福利發放、社會保險繳納、勞動合同管理、人事檔案管理、人力資源信息、職業培訓、員工溝通、投訴建議處理等。

◆諮詢服務。這是指為業務單元提供人力資源管理專業諮詢，包括人力資源規劃、素質模型構建、人事測評、薪酬設計、薪酬調查、績效管理製度設計、培訓需求調查、培訓課程開發、培訓體系建立等專業性的工作，指導人事行政服務中心開展服務活動。

◆業務夥伴。這是指主動跟進業務部門的發展需要，進行調研，瞭解其人力資源管理需求和員工的需求，制訂解決方案，調整人事政策或者與諮詢服務部門的專家一同提出解決方案。

3. HRBP 的職責

◆從 HR 視角出發參與業務部門的管理工作。

◆與 HR 研發組（人力資源專家）和 HR 支持組（人力資源共享中心）合作，給出有效的 HR 解決方案。

◆向人力資源管理專家和人力資源共享中心反饋 HR 政策、HR 項目和 HR 進程的實施有效性。

◆協調員工關係，調查培訓需求。

◆制訂並執行業務部門 HR 年度工作計劃。

◆運作適應所在業務部門的 HR 戰略和執行方案。

◆參與所在業務部門的領導力發展和人才發展通道建設。
◆支持企業文化變革並參與變革行動。
◆建立所在業務部門的人力資源管理體系。

本章小結

在戰略性人力資源管理下，烏爾里奇認為人力資源管理者應當承擔四個方面的角色，即戰略夥伴、行政專家、員工支持者以及變革推動者；諾伊指出人力資源管理者主要扮演四種角色，即戰略夥伴、行政專家、員工激勵者和變革推動者。人力資源管理者的這種角色演變對企業戰略的形成和實現有著重大的影響。人力資源管理部門可以通過信息管理流程和工作管理流程對戰略形成施加影響。

直線管理者和職能管理者都承擔著人力資源管理職責，直線管理者與職能管理者需要在人力資源管理方面加強合作，特別地，人力資源管理部門要向直線管理人員提供專業化的幫助。

在組織結構中，不同層次人員承擔著特定的人力資源管理職能。要實現人力資源管理戰略目標，必須依託各級組織結構，發揮各個組織層次及其相關人員的作用。企業應根據自身的規模大小、發展需要等靈活設置人力資源部及其職位。

和按照職能模塊來劃分人力資源管理者的職責不同，在人力資源管理三支柱模型下，人力資源管理者的角色和職責是按照業務導向來劃分的。這樣劃分的好處是，能同時實現業務導向和公司整體的一致性。

思考題

1. 在戰略人力資源管理下，人力資源管理者需要扮演哪些角色？
2. 扮演戰略夥伴角色，人力資源管理者需要做什麼？
3. 直線管理者和職能管理者在人力資源管理上的關係如何？
4. 如何設置人力資源管理部門和職位？
5. 在人力資源管理三支柱模型下，人力資源部是如何實現業務導向的？

訓　練

你是學生，你是同學，你是兒女，你是兄弟姐妹，你是下屬，你是領導，你是朋友……在生活中我們可能扮演著各種各樣的角色。請將你扮演的角色羅列出來，並針對每個需扮演的角色回答以下問題。然後，和他人進行比較探討。

1. 這個角色需要做什麼？
2. 你是如何做的？
3. 為什麼？
4. 這樣做的結果怎樣？

案例閱讀

西門子緊貼業務的人力資源組織架構

在西門子160多年的發展歷史中，「更負責任、更具創新精神、追求卓越」是其不曾改變的價值觀。其反應到人力資源組織架構和流程上，則更加強調在不斷創新、追求卓越的理念下，更好地服務於內部客戶，支持業務和員工的發展需要。同時，由於西門子公司在中國各地分支眾多、機構龐大，如何在保持戰略一致、協調運轉的基礎上，迅速而準確地滿足各分支機構的人力資源管理需求，成為西門子人力資源部始終都在考慮的問題。

西門子中國區人力資源部副總監馬清女士認為，設計極為強調貼近業務的人力資源組織架構非常必要。據她介紹，西門子將人力資源部劃分為三個層次：堪稱基礎的業務部門人力資源，位於中間的人力資源營運團隊，以及位於頂端的人力資源戰略團隊。

所謂業務部門人力資源，在西門子被稱為「人力資源大客戶經理」，專門負責和業務領域的高層管理者討論如何從人才策略的角度滿足業務發展需求。比如，當業務領域要求在某地設立研發中心時，人力資源大客戶經理就需要立即和業務部門經理共同討論，需要人力資源在招聘、人員安置、培訓、激勵等方面做哪些工作等。「人力資源大客戶經理確保了西門子不同業務領域的發展都能得到最貼心的人力資源策略支持。人力資源如果不和業務掛鉤，一則做起來很難，二來也沒有什麼意義。」馬清補充說。

當人力資源大客戶經理確立了業務領域的人力資源策略後，會由「營運部

門」專門負責實施。營運部包括招聘、人力資源顧問、薪資福利三個大的職能劃分，採用矩陣式組織結構服務於地處全國各地的不同業務領域、業務單元。

除此之外，人力資源組織架構中單獨設立了戰略部門，主要負責研究分析人力資源市場的趨勢、制定人事政策和流程、開發人力資源的工具、推行西門子全球的人事標準等。

值得一提的是西門子的「人力資源顧問」。西門子的各個分支機構，都有人力資源顧問坐鎮。其中一些是招聘顧問，專注於為滿足迅猛發展的業務需要吸引人才；另外一些則是負責人力資源日常事務的顧問，不僅負責新員工安置、人員配置與調配、人才激勵與評估等具體的人力資源工作，還要解答員工提出的任何關於西門子人力資源政策方面的問題。

用馬清的話說，人力資源顧問要提供「軟」和「硬」兩方面的企業內部人力資源服務。「軟」體現在為業務部門管理者提供符合該領域自身特點的人才培養、領導力提升、人才保留、企業文化建設等解決方案；「硬」則體現在不僅要親力親為地做好新員工引入等具體工作，還要熟悉西門子的各種人力資源政策，能夠給員工清晰而明確的解答。

和很多大型跨國企業一樣，西門子在以上人力資源層級之外還成立了具有獨立職能的「共享中心」，為全球各地的西門子公司提供基於組織需求的第三方服務，確保IT、異地雇用等需求都能在具備標準化流程的生產線上得到滿足，從而最大限度地節約成本、提高管理效率。

通過這種超矩陣式的人力資源組織架構，西門子不僅將公司的遠景規劃有效轉化為各業務單元的人力資源策略，也將人力資源的業務夥伴職能有效下沉到各業務單元和分支機構，確保這些終端業務機構的人力資源需求迅速反應給總部，以保障企業組織對市場的敏感性和靈活度。

（資料來源：豆丁網——http://www.docin.com/p-226037191.html）

第四章　人力資源管理專業人員的勝任素質

學習目標

1. 瞭解人力資源管理專業人員勝任素質通用模型。
2. 瞭解各層次人力資源管理專業人員勝任素質模型。
3. 瞭解勝任素質模型的構建方法。
4. 理解人力資源管理專業人員所需的知識及結構。
5. 理解人力資源管理專業人員所需的技能及結構。
6. 理解人力資源管理專業人員所需的能力及結構。
7. 理解人力資源管理專業人員所需的人格特徵及結構。
8. 瞭解在校生與從業人員在勝任素質理解上的差異。

關鍵術語

勝任素質模型（Competency Model）
知識（Knowledge）
技能（Skill）
能力（Ability）
人格特徵（Personality Characteristics）

　　與人力資源管理專業人員及其所在部門所做工作高度相關的一個問題就是，人力資源管理的專業人員需要具備怎樣的能力才能勝任組織對人力資源管理工作所提出的工作要求和戰略要求。本章將探討人力資源管理專業人員勝任素質模型，並比較人力資源管理專業本科在校生與從業人員在勝任素質理解上的差異。

第一節　人力資源管理專業人員的勝任素質模型

承擔某項工作所需的素質是由勝任素質模型刻畫的。1973 年，麥克米蘭在《美國心理學家》雜誌上發表了一篇文章《人才測量：從智商轉向勝任力》。這篇文章的發表，標誌著勝任力研究的開端。對於人力資源管理專業人員勝任素質模型，很多學者和機構都進行了研究。

一、人力資源管理專業人員勝任素質通用模型

（一）戴維·烏爾里奇等人的人力資源管理專業人員勝任素質模型[①]

在人力資源管理專業人員勝任素質模型研究方面，戴維·烏爾里奇和韋恩·布魯克班克所領導的人力資源勝任素質研究是非常有影響的。烏爾里奇等人主持的研究開始於 1988 年，至今一共進行了 5 輪，後續的研究分別完成於 1992 年、1997 年、2002 年以及 2007 年。在 1988 年和 1992 年的調查中，研究小組一共發現了三大類勝任素質，即經營知識、人力資源管理職能履行能力以及變革管理能力。到 1997 年，其又增加了兩大類勝任素質，即文化管理能力和個人可信度。

2002 年的調查研究最終確立的模型如圖 4-1 所示，包括五大類勝任素質，即戰略貢獻能力、個人可信度、人力資源服務能力、經營知識以及人力資源技術運用能力。第一，戰略貢獻能力是指人力資源管理者必須能夠管理文化，為快速變革提供便利條件，參與戰略決策。同時，它還要求人力資源管理專業人員必須能夠創造一種「市場驅動的聯通性」，即不僅要關注「內部客戶」，還要在相當程度上關注組織的「外部客戶」。第二，個人可信度是指人力資源管理專業人員在自己的人力資源同事以及作為本人服務對象的直線經理人員的心目中是值得信賴的。在這方面，他們需要與本業務領域內外的關鍵人物建立有效的關係；他們不僅需要承諾達成成果並確實能夠做到，而且要建立起可靠的追蹤記錄。此外，他們要必須掌握有效的書面和口頭溝通技巧。第三，人力資源服務能力則包括人員配置能力、開發能力、組織結構構建能力和績效管理能力。其中，配置能力是指人力資源管理專業人員必須有能力吸引、晉升、保留

[①] 劉昕. 人力資源管理 [M]. 2 版. 北京：中國人民大學出版社，2015：350-353.

員工以及在必要時將某些員工安排到組織的內部。開發能力主要是指他們需要設計開發方案、提供職業規劃服務以及為內部溝通過程提供便利。第四，經營知識是指人力資源管理專業人員對於組織所處的業務領域以及行業的理解程度，包括對組織整體價值鏈和組織價值主張的理解。第五，人力資源技術運用能力則是指人力資源管理專業人員在人力資源管理領域中運用各種技術的能力，以及利用電子化和網路化手段向客戶提供價值的能力。

```
                    經營知識

個人可信度          戰略貢獻能力         人力資源服務能力
□結果達成能力       □文化管理能力        □人員配置能力
□有效關係建立能力   □快速變革能力        □開發能力
□個人溝通能力       □戰略決策能力        □組織結構建設能力
                    □市場驅動聯通能力    □績效管理能力

                 人力資源技術
                   運用能力
```

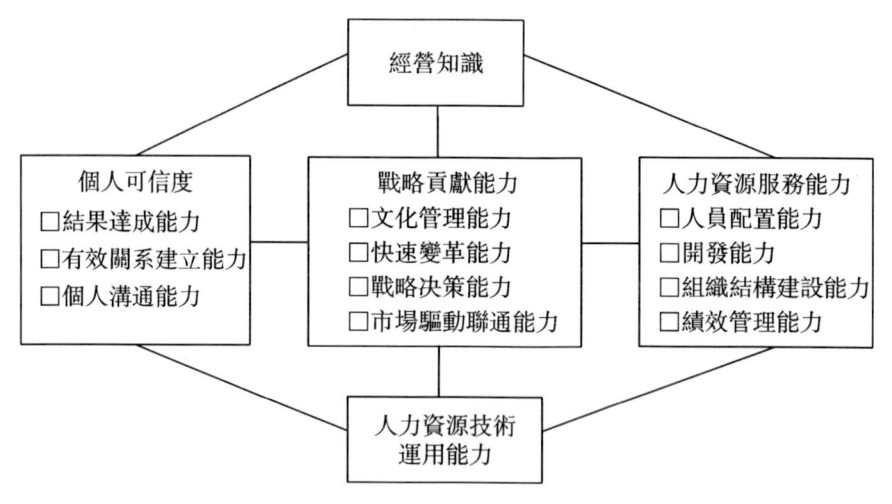

圖 4-1　人力資源管理專業人員的勝任素質模型（2002）

2007年的調查研究建立了新的人力資源勝任素質模型，如圖4-2所示。該模型表明，人力資源管理專業人員必須掌握與人打交道和與業務打交道兩個方面的勝任素質。基於人和業務兩個維度，新的人力資源勝任素質模型包括可靠的行動者、文化和變革統管者、人才管理者/組織設計者、戰略構建者、營運執行者、業務支持者六大類勝任素質。這些勝任素質所要解決的分別是關係、流程和組織能力三個層面的問題。新模型特別強調指出，人力資源管理人員的勝任素質不僅是指知識，還指運用這些知識的能力，即知道應當如何去做。第一，可靠的行動者是指人力資源管理專業人員不僅必須可靠，而且必須是積極的行動者。在這方面，人力資源管理專業人員需要以誠信的方式達成結果，分享信息，建立信任關係，以某種姿態（承受適度的風險、提供坦誠的評論、影響他人等）來完成人力資源管理工作。第二，文化和變革統管者是指人力資源管理專業人員必須認識到並表明組織文化的重要性，同時幫助組織形成自己的組織文化。在這方面，人力資源管理專業人員需要為變革提供便利、構建文化、重視文化的價值、實現文化的個人化（幫助員工找到工作的意義、管理工

作和生活的平衡、鼓勵創新等）。第三，人才管理者/組織設計者是指人力資源管理專業人員必須掌握人才管理和組織設計方面的相關理論、研究成果以及管理實踐。在這方面，人力資源管理專業人員需要保證組織今天以及未來的人才需要，開發人才、構建組織、促進溝通、設計組織的報酬體系等。第四，戰略構建者是指人力資源管理專業人員對於組織在未來將會如何取得成功應該有一個清晰的願景，並且當組織在制定實現這一願景的戰略時，應當扮演積極的角色。在這方面，人力資源管理專業人員需要保持戰略靈活性，同時積極關注客戶。第五，營運執行者是指人力資源管理專業人員還應當承擔在管理人和組織時需要完成的一些操作方面的事務。在這方面，人力資源管理專業人員應當執行工作場所的各種政策，同時推動與人力資源管理有關的各項技術進步。第六，業務支持者是指人力資源管理專業人員通過瞭解組織開展業務的社會背景或環境，為組織經營的成功做出自己的貢獻。在這方面，人力資源管理專業人員需要服務於價值鏈，解釋組織所處的社會背景，清楚表明組織的價值主張，以及充分發揮各種業務技術的作用。

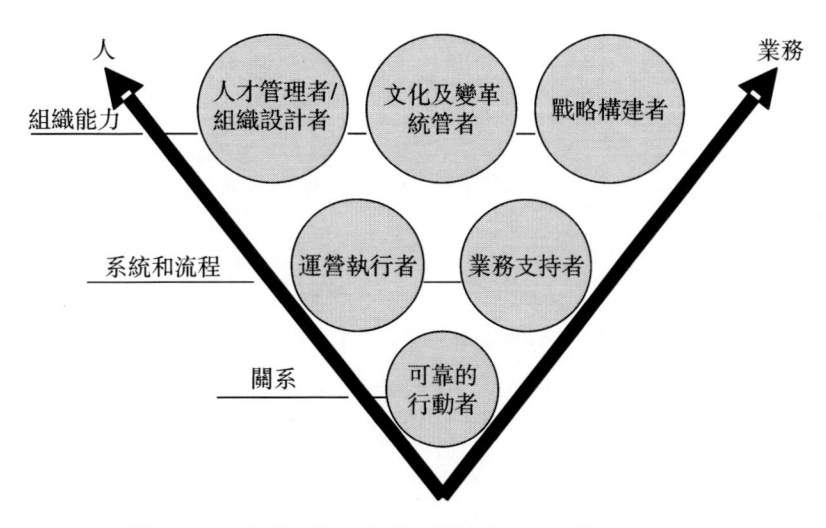

圖 4-2　**人力資源管理專業人員的勝任素質模型（2007）**

（二）雷蒙德·諾伊等人的人力資源管理專業人員勝任素質模型

人力資源管理學者諾伊等人提出了包括人際關係能力、決策能力、領導能力以及技術能力四項能力在內的人力資源管理專業人員勝任素質模型。[①] 如圖

---

① 雷蒙德·諾伊. 人力資源管理基礎 [M]. 劉昕, 譯. 3 版. 北京：中國人民大學出版社，2011：13-14.

4-3 所示。

```
   人際關係                技術能力
     能力
        ↘              ↙
         人力資源管理
           專業人員
        ↗              ↖
    決策能力              領導能力
```

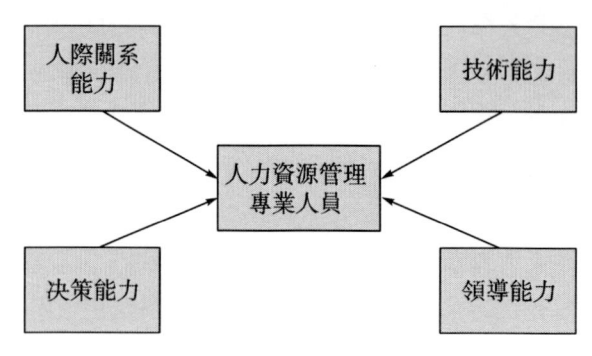

圖 4-3　人力資源管理專業人員能力模型

　　首先，人力資源管理專業人員必須具備理解他人並與他人很好合作的能力。人力資源管理者需要瞭解，在幫助組織贏得競爭優勢時，組織成員到底扮演何種角色，還要瞭解組織的哪些政策、項目以及管理實踐能夠幫助員工扮演好這樣的角色，熟練掌握溝通、談判以及團隊開發方面的技能。其次，人力資源管理者必須能夠在戰略問題上運用自己的決策能力。這就要求人力資源決策制定者擁有組織經營和業務方面的知識，有能力通過成本-收益分析為組織提供各種可能的選擇，有能力解釋各種可供選擇方案的社會含義和倫理道德含義。再次，人力資源管理者必須具有一定的領導力。這就要求人力資源管理專業人員有能力對整個變革過程進行監控，提供各種工具來幫助組織克服變革所遇到的抵制，指導員工如何在新的條件下完成工作，激發員工的創造力。最後，人力資源管理專業人員需要掌握人力資源管理領域中的專業化技能，即人員配備、人力資源開發、報酬、組織設計等方面的知識。新的甄選技術、績效評價方法、各種培訓項目以及激勵計劃等不斷湧現，每年都有新的法律出抬。這些都對人力資源管理專業人員的技術能力提出了要求。

　　（三）美國國際公共人力資源管理協會提出的人力資源管理者素質模型

　　美國國際公共人力資源管理協會將人力資源管理者的素質要求與人力資源管理者的4種不同角色相結合，提出了針對人力資源管理者的素質模型。該模型共包括22項素質要求，並認為人力資源管理者的素質分別在人力資源管理者的4種角色中發揮作用。每一項素質要求可能同時對兩種或多種角色產生驅動作用。如表4-1所示。

表 4-1　美國國際公共人力資源管理協會提出的人力資源管理者素質

人力資源管理者的素質	變革推動者	業務夥伴	領導者
理解公共服務環境的能力	√	√	
知曉組織使命的能力		√	
理解業務流程以及如何提高效率和有效性的能力	√	√	
理解團隊行為的能力	√	√	√
設計和實施變革流程的能力	√		
良好的溝通能力	√	√	√
創新能力以及營造風險承擔環境的能力		√	
評價和平衡具有競爭性的價值觀的能力	√		√
運用各項組織開發原則的能力		√	
理解經營系統思維的能力	√		
將信息技術運用於人力資源管理領域的能力	√		
理解客戶和組織文化的能力		√	
良好的分析能力	√		√
通曉人力資源管理法律和政策的能力	人力資源專家		
諮詢和談判能力（含爭議解決能力）	√		√
形成共識和建立聯盟的能力	√		√
建立信任關係的能力	√	√	
建立人力資源與組織使命和服務結果間聯繫的能力		√	
客戶服務導向	√		
重視和促進多元化的能力			√
踐行並推動誠實和道德行為			√
行銷和代表能力	√		

（四）人力資源管理師的勝任特徵模型

國家勞動和社會保障部職業技能鑒定中心與企業人力資源管理師項目辦公室（2004）採用 O'NET 崗位分析問卷，調查了中國五個城市 800 多名被試者，並將從事人力資源管理工作的參試人員與計算機程序員、辦公室職員、客戶服務人員以及行政支持人員的一線主管進行比較分析，獲得了企業人力資源管理人員的基本勝任特徵，如表 4-2 所示。

表 4-2　　　　　　　　　人力資源管理師的勝任特徵

知識		技能		工作風格	
基礎要求	專業要求	基礎要求	專業要求	基礎要求	專業要求
◆勞動法規 ◆人力資源管理 ◆勞動經濟學 ◆計算機 ◆統計和調查 ◆寫作 ◆組織行為學 ◆研究方法 ◆勝任特徵模型	◆戰略與規劃 ◆招聘與配置 ◆崗位分析 ◆員工培訓 ◆職業生涯發展 ◆績效管理 ◆薪酬管理 ◆勞動關係管理 ◆工作安全與健康 ◆組織文化與變革	◆學習能力 ◆協調 ◆溝通 ◆輔導 ◆閱讀理解 ◆客戶服務 ◆洞察力 ◆調查統計	◆判斷決策 ◆計劃 ◆專業知識應用 ◆發展關係	◆自我控製 ◆分析性 ◆思維獨立性 ◆成就動機 ◆應變 ◆關心他人 ◆可靠性 ◆團隊合作 ◆主動性	◆影響他人 ◆創新 ◆正直誠信 ◆戰略性思維

（五）其他人力資源管理專業人員勝任素質模型

對於人力資源管理專業人員的勝任素質，其他學者也提出了各自的模型。這些模型有共同的地方，也有不同的地方。具體模型見表 4-3。

表 4-3　　　　國內外學者關於人力資源管理專業人員勝任素質模型

學者	時間(年)	模型
W. C. Blanceo J. Boroski L. Dyer	1996	①管理能力素質；②商業能力素質；③技能能力素質；④人際能力素質；⑤認知/想像能力素質；⑥影響風格能力素質；⑦組織能力素質；⑧個性能力素質
A. Young W. Brockbank D. Ulrich	1994	①人力資源管理技能：人員調配、業績評價、獎勵系統、溝通、組織設計。②業務技能：商業敏銳性、顧客導向、外部關係。③變革的技能：人際關係技巧、解決問題的技巧、獎勵系統、創新和創造力。④人際信任：信任、建立私人關係、堅持原則、勇氣
J. Lipiec	2001	①管理變革技能；②團隊管理技能；③傳統方法應用能力；④輔導與溝通技能；⑤一般管理技能；⑥經營管理技能；⑦國際化和跨文化管理技能；⑧人力資源管理理念
陳萬思 任瑋 姚聖娟	2006	①職能勝任力：贏得支持、以身作則、有效分配、激勵他人、號召力、增進士氣。②個人勝任力：保密性、人力資源管理專業知識、堅持、更新知識、人力資源管理信息系統應用、商業知識

表4-3(續)

學者	時間(年)	模型
鄭曉明 於海波 王明嬌	2010	①個人特質：認知能力、正直、親和力、溝通能力。②人力資源管理技能：人員配置、核心人才管理、績效管理、人員開發、薪酬福利管理。③戰略性貢獻：文化管理、變革管理、參與決策。④經營知識：價值鏈知識、組織知識
顧琴軒 朱牧	2001	①溝通能力；②分析能力；③識人能力；④問題解決能力；⑤服務意識；⑥值得信賴；⑦親和力；⑧學習能力；⑨自我控製能力；⑩承受壓力能力；⑪適應力；⑫主動性；⑬人力資源管理專業知識
鄭美群 孫淑梅	2014	①個人特質；②經營管理知識；③人力資源管理技能；④戰略性管理能力
P. K. Way	2002	①正直：公開和公正、保密、公平和道德。②有能力在組織內部和人力資源部以外與一些人一起有效地工作。③溝通（過程）技能。④前瞻性預先行動（包括防止問題發生）。⑤有能力運用對組織和政策實際的清晰理解處理問題。⑥談判技能。⑦決策。⑧想像自己與人力資源職能之間的敏感性
C. D. Johnsona J. Kingb	2002	①正直；②人際溝通；③關係管理；④解決問題；⑤技術能力；⑥正式溝通
M. J. Marquardt D. W. Engel	1993	①態度：尊敬其他文化價值觀及做法、耐性及容忍性、認同人力資源發展的貢獻、主動進取且對工作執著、幽默感。②技能：人力資源發展技能、溝通技巧、創造性、文化彈性、能自我學習新知識。③知識：瞭解本國文化、瞭解他國文化、具有人力資源管理領域的知識、良好的語言能力、明了公司文化、具全球觀

二、各層次人力資源管理專業人員勝任素質模型

（一）各層次人力資源管理專業人員勝任素質差異

由於不同層級人力資源管理人員的工作內容不同，不同層級人力資源管理人員勝任力存在差異。斯賓塞認為，在人力資源管理部門中，不同層級管理者需要具備不同的勝任力。經營者需要具備戰略思考、變革領導、人際管理等方面的勝任力；管理者需要具備靈活性、改變執行、企業創新、人際理解、授權、團隊成長等方面的勝任力；一般員工需要具備靈活性、信息收集、學習能力、成就動機、在時間壓力下工作、合作、顧客服務導向等方面的勝任力。

陳萬思認為，高績效較低層級人力資源管理人員與高績效較高層級人力資

源管理人員勝任力之間的差異，是決定較低層級人力資源管理人員能否在縱向上獲得職業生涯發展機會的關鍵。① 那些非常喜愛自己目前所從事的人力資源管理工作並從中得到許多樂趣、能夠利用懲罰管制行為、特別是在處理績效不佳者時不會過分猶豫、公平對待團隊中所有成員、回應員工的意見和建議並樂於對員工主動提出的或自己觀察發現的問題提供幫助、依照標準監督績效、坦率地直接與他人討論績效問題、擁有真實的號召力、能夠提出共同願景並激發人們對團隊使命的熱情和承諾的高績效基層人力資源管理人員更有可能獲得縱向式職業生涯發展機會，成為中層人力資源管理人員。那些忠於企業、以企業利益為重、冷靜、細心、堅持追求高績效、能夠依照工作程序監控他人工作質量和信息傳遞、會利用各種渠道獲得有關信息以尋求解決之道、及時獲得新技能和新知識、並利用各種機會在企業內部積極傳播人力資源管理新知識或新技術或新方法、會根據企業實際情況適當修改並應用已知的人力資源管理理念或方法、善於觀察瞭解他人和解決問題、口才出眾、擅長通過說服有關人士或借助他人力量施加影響等方式達成目標、採取有效行動幫助和激勵他人、開發他人潛力和增進士氣、在所屬部門及企業有較大影響力、能熟練使用計算機和網路及人力資源管理信息系統、瞭解國家和省市的勞動法律法規及相關製度的高績效中層人力資源管理人員更有可能獲得縱向式職業生涯發展機會，成為高層人力資源管理人員。

(二) 人力資源經理勝任素質模型

1. Lawson 和 Limbrick 的人力資源經理勝任素質模型

Lawson 和 Limbrick (1996) 提出了人力資源經理勝任力包括五個勝任力群：目標與行動管理、精通人力資源管理技術、職能與組織領導、影響力管理、商業知識。② 如表 4-4 所示。

表 4-4　　　　　　　　　　人力資源經理的勝任力

勝任力群	項目
目標與行動管理	效率導向、預應式、關心衝擊影響、堅決果斷
精通人力資源管理技術	規劃、甄選與安置、培訓與發展、勞資關係、薪資福利、工業安全衛生、員工調查、組織設計、人力資源管理信息系統

---

① 陳萬思. 縱向式職業生涯發展與發展性勝任力——基於企業人力資源管理人員的實證研究 [J]. 南開管理評論，2005 (6)：17-23.

② LAWSON T E, LIMBRICK V. Critical Competencies and Development Experience for Top HR Executive [J]. Human Resource Management，1996 (1)：67-85.

表4-4(續)

勝任力群	項目
職能與組織領導	協助他人發展、群體管理技巧、職能行銷、願景領導、誠實廉潔
影響力管理	知覺客觀性、構建網路、溝通技巧、談判技巧
商業知識	戰略焦點、組織知覺、行業知識、附加價值觀點、一般管理技術

2. 陳萬思的人力資源經理勝任素質模型

陳萬思（2006）在《中國企業人力資經理勝任力模型實證研究》一文中構建了包括職能管理勝任力、變革管理勝任力、員工管理勝任力和戰略管理勝任力四個構面的中國企業人力資源經理勝任力模型。[1]

(1) 職能管理勝任力

要求人力資源經理能夠保守企業機密與尊重員工個人隱私，掌握人力資源管理專門知識，公平對待所有員工；與相關部門及員工保持良好關係，贏得工作上的有力支持；能清晰準確地說明自己對工作的構想或看法等；在壓力大的情況下能控製自己的情緒，並讓他人冷靜下來；瞭解國家和省市的勞動法律法規及相關製度；對自己的專業判斷、能力有信心，並以行動來證明；接受挑戰，積極面對問題，敢於承認失敗並迅速改正錯誤；在特定情況下能夠果斷地決策並採取必要的行動；以前瞻性眼光開展工作，避免問題發生及創造、把握良機；在工作中遇到障礙或困難時，堅持到底，絕不輕言放棄；能夠熟練使用計算機和網路，力求及時獲得新技能和新知識；分析事件的因果，且能找出幾種解決方案並衡量其價值；為培養他人能力而授予其新任務，或晉升有能力的員工；積極獲取企業經營管理領域的各類知識，依照成本收益分析做人力資源管理決策，樂於從事企業人力資源管理工作。

(2) 變革管理勝任力

要求人力資源經理能夠把複雜的任務有系統地分解成幾個可處理的部分，擁有真實號召力，激發人們對團隊使命的熱情和承諾；能夠在較短時間內瞭解他人的態度、興趣、性格或需求等；利用懲罰管制行為，在解雇績效不佳者時，不會過分猶豫；能夠對所在部門及企業施加影響。

(3) 員工管理勝任力

要求人力資源經理能夠回應員工，並對其主動提出的或自己觀察發現的問

---

[1] 陳萬思. 中國企業人力資源經理勝任力模型實證研究 [J]. 經濟管理, 2006 (2): 55-62.

題提供幫助；採取行動，以增進友善氣氛、良好士氣或合作氛圍；表現出對企業的忠誠度，或者尊重企業內的權威者；能夠召集他人一起，給予急需幫助的員工以支持。

(4) 戰略管理勝任力

要求人力資源經理能夠視情況而靈活應用規章製度，能夠根據企業需要創造人力資源管理的新模式或新理論；辨識並提出影響企業的根本問題、機會或關聯因素等；能夠根據企業實際適當修改已知的人力資源管理理念或方法並應用，使用自有信息匯集機制（或人際網路）收集各種有用信息；能夠對企業外部相關單位、部門或人力資源管理專業組織施加影響。

3. 楊東等人的人力資源經理勝任素質模型

楊東等在《人力資源經理的崗位勝任特徵模型》一文中採用招聘廣告分析、文獻分析、BEI訪談法、問卷調查法等研究方法和研究手段，通過探索性因素分析和驗證性因素分析，抽取了6個公共因子，提出了六維度的勝任特徵族群模型，包括個人效能、職業素養、組織協調、人際建立、專業能力和認知能力。[①]

第一個因子包括成就慾、承受壓力能力、激勵能力、忠誠、協助部門經理與服務員工的意識、自信心，內容主要涉及自我的激勵和幫助他人方面。其和勝任特徵辭典中的自我效能、幫助與服務和成就與行為族相關，被命名為「個人效能」。第二個因子包括邏輯思維能力、解決複雜問題的能力、分析能力、學習能力、統籌全局能力、執行與推進能力、創新能力。這些因素和勝任特徵辭典中的認知族有關，被命名為「認知能力」。第三個因子包括影響他人的能力、團隊領導的能力、團隊合作的能力、組織能力、計劃能力、協調他人的能力，被命名為「組織協調」。第四個因子包括親和力、人際理解與溝通能力、人際關係建立能力、語言表達能力、人際洞察能力，被命名為「人際建立」。第五個因子包括人力資源管理經驗、人力資源管理技能、熟悉勞動法律法規，被命名為「專業能力」。第六個因子包括責任心、正直、信守承諾、保守秘密、公正處事不帶偏見，被命名為「職業素養」。

4. 人力資源經理素質要求的招聘廣告分析

通過在前程無憂和智聯招聘網站進行搜索，我們獲得中國公司（19個民營

[①] 楊東，吳國權，趙曙明. 人力資源經理的崗位勝任特徵模型 [J]. 人力資源管理，2010 (11)：74-75.

公司、15個上市公司）針對人力資源經理的 34 份招聘廣告，其任職要求統計如表 4-5 所示。

表 4-5　　　　　　　　　　　人力資源經理素質要求統計

序號	任職要求	所占比重
1	本科（及以上）學歷	79.4%
2	人力資源管理專業	79.4%
3	人力資源相關崗位工作經驗	100%
4	管理經驗	70.5%
5	熟悉勞動法律法規	88.2%
6	熟悉人力資源管理流程	50.0%
7	組織協調能力	70.5%
8	對現代企業人力資源管理模式有系統的瞭解和實踐經驗	70.5%
9	解決問題的能力	70.5%
10	責任心強	50.0%
11	溝通能力	58.8%
12	團隊精神	29.4%
13	領導能力	50.0%
14	執行力強	38.2%
15	親和力	38.2%
16	人際交往能力	38.3%
17	計劃能力	38.2%
18	職業素養	20.5%
19	事業心	38.2%
20	語言表達能力	11.7%
21	穩重踏實	11.7%
22	工作細心	11.7%
23	戰略性思維	20.5%
24	分析判斷能力	20.5%
25	戰略規劃能力	11.7%
26	創新能力	11.7%

表4-5(續)

序號	任職要求	所占比重
27	熟練使用辦公軟件	11.7%
28	決策能力	11.7%
29	統籌能力	11.7%
30	洞察力	11.7%
31	邏輯思維能力	11.7%

(資料來源於前程無憂網、智聯招聘網,經過整理。)

很明顯,本科(及以上)學歷、人力資源管理專業是對人力資源經理的基本要求,人力資源相關崗位工作經驗和熟悉勞動法律法規是人力資源經理最需要具備的。這四個在企業人力資源經理招聘廣告中出現頻率最高的要求,也是大多數企業的共識。

作為人力資源部的負責人,人力資源經理往往要對公司人力資源管理領域的所有工作負全責,並與公司其他部門保持良好的工作關係。除了管理經驗、對現代企業人力資源管理模式有系統的瞭解和實踐經驗、解決問題的能力、責任心強、親和力、事業心,他們還應具備組織協調能力、溝通能力、領導能力、人際交往能力、計劃能力、團隊精神等。

學習資料 4-1

歐洲各國人力資源經理的基本素質

現在的趨勢是人力資源管理正在從強調以操作層面的活動為主轉變為以參與戰略目標實現為主的人力資源管理時代。儘管人力資源經理的背景不同,但公司都期望他們能對企業的戰略實施有所貢獻。正因為對人力資源管理專業人員的期望和要求更高了,因此,這個職業的就業資格也就更加引起人們的關注。

1. 學歷水平

歐洲各國對人力資源經理職位大多數都有學位或學歷水平的要求。目前的從業人員,大多數都有學歷或學位,如表4-6所示。

表 4-6　五個主要歐洲國家的人力資源經理的受教育情況

	法國	德國	西班牙	瑞典	英國
高中及以下	17%	50%	7%	25%	35%

表4-6(續)

	法國	德國	西班牙	瑞典	英國
大學本科	7%	29%	47%	58%	45%
碩士	24%	14%	17%	3%	12%
MBA	47%	0	4%	0	4%
博士	5%	6%	0	2%	1%

可見，歐洲絕大多數的人力資源經理是大學本科畢業。北歐國家的很多人力資源經理還擁有碩士學位：丹麥是23%，芬蘭是52%，挪威是38%，荷蘭是23%。在芬蘭，還有15%的人力資源管理專業人員擁有工商管理碩士學位。在學歷分布上，德國的差異最大：50%的高級人力資源管理專業人員只有高中及以下學歷，但同時，6%的人擁有博士學位。法國的人力資源經理的學歷最高，碩士及以上占2/3。

2. 專業差異

在分析學歷高低的同時，我們不能不考慮他們所學的專業。實際上，本科及以上學歷的專業也有很大差異，可以分為三大類：企業管理專業、社會科學專業和混合專業。在管理教育比較普及的國家，人力資源經理基本上是企業管理學位，如德國是45%，挪威是37%，丹麥是24%。而具有很強的社會科學傳統的國家，人力資源經理的本科學位大都是社會科學的，如瑞典是54%，西班牙是31%。如表4-7所示。

表 4-7　　　　人力資源經理本科學位的專業分布（%）

	德國	丹麥	西班牙	法國	芬蘭	挪威	荷蘭	瑞典	英國
企業管理	45	24	6	22	14	37	21	18	18
經濟學	9	11	5	8	5	2	0	9	10
社會/行為科學	9	16	31	16	13	12	9	54	21
人文/藝術/語言	24	4	5	3	3	15	32	3	21
法律	3	23	32	25	15	6	26	5	3
工程	4	2	11	10	13	8	3	4	7
自然科學	1	0	1	1	2	3	0	2	11
其他	6	21	10	14	5	18	9	6	9

西班牙的人力資源管理專業人員擁有法學學位的人最多。這是因為在法律和製度比較健全的國家，法律和製度的執行需要大量的律師。西班牙有很健全的勞動法庭，如仲裁調解中心、社會問題法庭、公平起訴高級法庭等。除憲法外，西班牙有很多民法、勞動法和工人管理條例，有13種不同的勞動合同標準。所以，更多法律專業的人從事人力資源管理工作也就不足為奇了。實際上，在南歐各國，人力資源管理中重視法律因素是很普遍的，如西班牙是32%，法國是25%。

　　在英國和法國，很多高級人力資源管理人員是從直線管理崗位上提拔起來的。法國企業的人力資源經理有9%擁有工科學位，有25%擁有法學學位。當然，這種局面正在發生變化。1969年，法國人事經理協會成立了專門的大學人事管理課程設計中心，以應對勞動力市場對人力資源管理專業人員的需求。在英國，由於服務業的迅猛發展和工業關係的變化，人事管理的面目已今非昔比，從而促使許多大學提供人力資源管理專業和課程。最有意義的是英國人事管理協會開始提供人力資源管理研究生課程，為那些人文和社會科學專業畢業的人成為人力資源管理專業人員提供了學歷保證。那些沒有受過高等教育的人，也從這個專業中獲得了職業發展的重要基礎。英國人事管理協會主要是為沒有學歷的人提供職業教育的學歷，所設計的課程包括社會科學、經濟學、統計學和應用技術等。

　　由於公營組織和私營組織在外部政策、內部管理等許多方面存在差異，尤其是在員工關係方面存在差異，歐洲各國公營和私營組織中人力資源經理的專業差異如表4-8所示。

表4-8　　公營組織和私營組織中人力資源經理的專業差異（%）[1]

	德國		法國		瑞典		英國	
	公營	私營	公營	私營	公營	私營	公營	私營
企業管理	24	45	16	23	16	20	15	19
經濟學	9	10	12	8	10	9	8	11
社會/行為科學	3	10	13	18	56	51	20	22
人文/藝術/語言	27	24	4	2	3	2	26	19
法律	9	2	34	23	8	2	5	2
工程	3	4	11	11	3	7	4	8
自然科學	0	1	0	1	2	2	11	12
其他	24	4	10	14	2	8	11	7

[1] 資料來源：孫鍵敏. 歐洲各國人力資源經理的培養與教育及對中國的啟示 [J]. 南開管理評論，2000（2）.

(三) 基層人力資源管理者的勝任素質模型

1. 賈麗蓉的基層人力資源管理者的素質模型

賈麗蓉（2012）在《中國中小企業基層人力資源管理者的素質模型研究——以重慶市為例》一文中，得到了中小企業基層人力資源管理者素質理論模型。其理論模型由知識技能維度、管理能力維度、工作能力維度、職業品質維度4個維度構成。[①]

(1) 知識技能

這要求基層人力資源管理者掌握人力資源管理專業知識；熟悉政策法規和各項製度；瞭解公司業務和市場，熟悉公司各個部門的工作內容；熟練操作辦公設備和系統軟件，在工作中能夠使用打印機，製作多種表格進行記錄和分析。

(2) 管理能力

管理能力包括計劃組織能力和人際關係能力。對於計劃組織能力，要求基層人力資源管理者能夠進行人才儲備和人員流動預測，保證崗位人員及時有效配置；能寫策劃方案書並組織各部門人員積極參與；能將各部門資源調動起來，通過組織和整合，減少成本開支，為公司戰略目標服務。對於人際關係能力，要求基層人力資源管理者與員工以及應聘者交流的時候有親和力，才會使對方更願意將真實想法表達出來；能與各部門負責人進行溝通，瞭解他們的需求；對於員工的訴求和抱怨，能夠設身處地為對方考慮，讓對方覺得雙方不是對立的，才能達成一致意見；能夠進行必要的解釋和溝通，妥善處理好員工關係和安撫員工情緒；能從員工的行為舉止和工作狀態洞悉員工心理動態和去留動向；能與同事合作完成一些工作任務，並且理解團隊的重要作用；尊重他人的意見和建議。

(3) 工作能力

工作能力包括觀察分析能力、語言文字功底、工作執行能力、學習改進能力。對於觀察分析能力，要求基層人力資源管理者能從不同的渠道收集人才信息以及市場變化情況，管理各種人員的信息資料檔案；根據不同的人員有不同的溝通交流方式和應對策略，不能一成不變、固守成規；通過對數據資料的分析能得出問題所在，並能夠準確判斷當前的形勢；有集體意識和整體觀念；根

---

① 賈麗蓉. 中國中小企業基層人力資源管理者的素質模型研究——以重慶市為例 [D]. 重慶：重慶工商大學，2012.

據員工績效考核結果進行現狀分析，能夠找出問題進行調整改進，並預測未來發展趨勢。對於語言文字功底，要求基層人力資源管理者能夠擬定公司人事製度、政策、方案、員工手冊、崗位說明書、通知、公告等文稿；能夠宣傳公司規章製度和企業文化等，營造良好氛圍，提升凝聚力。對於工作執行能力，要求基層人力資源管理者能嚴格執行上級下達的命令；主動與人溝通，發現問題時能積極面對和處理；工作不拖沓，及時完成工作任務。對於學習改進能力，要求基層人力資源管理者能不斷更新知識儲備，學習新的知識和技能；能分析和理解公司的發展目標，並準確傳達和執行；能對自己的工作進行總結和反思，對效果不好、效率不高的方面進行改進和流程重組。

（4）職業品質

職業品質包括職業道德、個人品質。對於職業道德，要求基層人力資源管理者對於自己從事的工作要認可和喜愛，不能受外界因素影響而抱怨和放棄；在工作中遇到員工求情時，要能堅持原則；要客觀公正，不能有特殊人群的存在，否則就會失去公信力；對工作中的細節要認真對待，不能馬虎，尤其是對數據、信息等要反覆核實；與員工之間要建立互信關係，對員工諮詢要誠實告知，不能有所隱瞞和欺騙；有服務意識，對待員工的需求和諮詢要不厭其煩。對於個人品質，要求基層人力資源管理者在處理人與人的關係時，要樂觀，內心堅韌，相信自己能處理好一切困難；面對工作中很多的壓力、人際衝突的處理等，要有良好的心理承受能力。

2. 基層人力資源管理者素質要求的招聘廣告分析

通過在前程無憂和智聯招聘網站進行搜索，我們獲得中國公司（33個民營公司、12個國企、15個合資企業）針對基層人力資源管理人員的60份招聘廣告。其任職要求統計如表4-9所示。

表4-9　　　　　基層人力資源管理專業人員素質要求統計

序號	任職要求	所占比重
1	本科（及以上）學歷	50%
2	大專（及以上）學歷	30%
3	人力資源管理工作經驗	95%
4	人力資源管理理論知識	40%
5	熟悉勞動法律法規	75%
6	熟悉人力資源管理流程	75%

表4-9(續)

序號	任職要求	所占比重
7	組織協調能力	50%
8	領導能力	10%
9	分析判斷能力	25%
10	決策能力	5%
11	年齡要求	20%
12	人力資源管理（或相關）專業	65%
13	語言表達能力	35%
14	人際交往能力	35%
15	應變能力	20%
16	溝通能力	70%
17	解決問題的能力	40%
18	親和力	35%
19	責任心	35%
20	敬業精神	15%
21	熟練使用辦公軟件	50%
22	熟練使用網路應用	30%
23	職業素養	15%
24	踏實穩重	20%
25	工作細心	20%
26	團隊精神	45%
27	計劃能力	15%
28	執行力強	25%
29	心理學知識	10%
30	戰略性思維	20%
31	人力資源相關的管理工具與管理技能	40%
32	洞察力	5%
33	正直、有原則	10%
34	全局意識	5%
35	前瞻意識	10%
36	誠信	5%

表4-9(續)

序號	任職要求	所占比重
37	創新能力	5%
38	團隊訓練能力	5%
39	人力資源管理師（二級以上）資格	5%
40	對現代企業人力資源管理模式有系統的瞭解和實踐經驗	20%
41	服務意識	10%
42	學習能力強	20%
43	抗壓能力	25%
44	樂觀積極	5%
45	思維嚴謹、邏輯清晰	5%
46	文案寫作能力	5%
47	主動認真	5%
48	思維活躍	5%

（資料來源於前程無憂網、智聯招聘網，經過整理。）

很明顯，本科（及以上）學歷、人力資源管理（或相關）專業是對基層人力資源管理者的基本要求，人力資源管理工作經驗和熟悉勞動法律法規是基層人力資源管理者最需要具備的。這四個在企業基層人力資源管理者招聘廣告中出現頻率最高的要求，也是大多數企業的共識。

基層人力資源管理者往往獨立負責人力資源管理的某一專門領域，如培訓、考核等，因此特別強調他們要熟悉人力資源管理流程、掌握人力資源管理理論知識、擁有人力資源相關的管理工具與管理技能以及解決問題的能力，以應對該領域的問題。作為人力資源部的基層管理者，他們還需要具備溝通能力、組織協調能力、熟練使用辦公軟件、語言表達能力、人際交往能力、親和力、責任心、執行力、抗壓能力。

（四）一般人力資源管理專業人員的勝任素質模型

1. 馬芳的招聘專員勝任力模型

馬芳（2013）在《企業招聘專員勝任力模型研究——以南昌地區企業為例》一文中，提取出招聘專員勝任力的4個維度：基礎性職業能力、發展性職業能力、人格特質、個人形象。[1]

---

[1] 馬芳. 企業招聘專業勝任力模型研究——以南昌地區企業為例 [D]. 南昌：華東交通大學，2013.

(1) 基礎性職業能力

其要求一般人力資源管理專業人員掌握招聘專業基礎知識，瞭解招聘常識；關注行業發展，並能夠及時瞭解行業的發展動態；具有誠信的品質、良好的職業形象，贏得同事的信任；能配合企業需要，為其他部門的工作提供招聘方面的支持；與同事具有良好的關係，保持團結；懂得欣賞同事的優點，保持良好的工作關係；善於和員工交朋友，聽取各方不同意見，將利於自己的工作與決策；跟將來可能提供信息或其他幫助的人友善相處，如其他公司的招聘專員、獵頭公司，與其建立私人友誼關係；能夠用文字準確、明白地表達自己的想法。

(2) 發展性職業能力

其要求一般人力資源管理專業人員對事物的本質和發展趨勢有認識和把握能力；善於觀察，通過交談能夠在短時間內洞悉應聘者的情緒、感覺或想法，能夠在短時間內瞭解他人的態度、興趣、需求或觀點等；對接收到的各種信息能歸納篩選，以做出正確的判斷；能夠根據自己豐富的招聘經驗，做出正確的用人決策；對應聘者提供的信息的真假能做出正確的判斷；能夠根據環境場合的差異，溝通對象的職業、性別和個性等的不同，隨機應變地採取不同的表達方式和策略；能鼓勵他人表達自己，在聽的過程中保持目光的交流，表現出聽的興趣，並且在面談的過程中沒有聽清楚時要及時請對方重複或者解釋；根據面談者說話的音量、語速和體態，能推斷出話語隱含的意思；能夠緩和交談氣氛；能夠綜合運用語言、表情、肢體等多種表達方式，準確傳達信息，使溝通順暢進行。

(3) 人格特質

其要求一般人力資源管理專業人員能夠客觀地對待工作中的人和事；平等地對待每一個員工。

(4) 個人形象

其要求一般人力資源管理專業人員態度平和，在交談中能夠與應聘者拉近距離；衣著整潔，注意保持個人外在的形象；個人的舉止投足能給應聘者留下良好的印象。

2. 一般人力資源管理專業人員素質要求的招聘廣告分析

通過在前程無憂和智聯招聘網站進行搜索，我們獲得中國公司（45個民營公司、10個上市公司、12個合資企業、10個創業公司、3個外資公司）針對一般人力資源管理專業人員的80份招聘廣告。其任職要求統計如表4-10所示。

表 4-10　　　　　　一般人力資源管理專業人員素質要求統計

序號	任職要求	所占比重
1	本科（及以上）學歷	15%
2	大專（及以上）學歷	55%
3	人力資源管理（或相關）專業	65%
4	人力資源管理（或相關）崗位工作經驗	80%
5	人力資源管理各項實務操作流程	45%
6	熟悉勞動法律法規	45%
7	語言表達能力	30%
8	溝通能力	85%
9	組織協調能力	70%
10	寫作能力	10%
11	熟練使用辦公軟件	70%
12	具備基本網路應用知識、熟練操作網路應用技能	35%
13	團隊合作精神	55%
14	思維嚴謹、思路清晰	10%
15	敬業精神	20%
16	誠實正直	5%
17	有耐心	5%
18	認真負責	15%
19	抗壓能力	20%
20	職業素養	50%
21	踏實穩重	45%
22	工作細心	55%
23	責任心	60%
24	人際交往能力	5%
25	應變能力	10%
26	解決問題的能力	10%
27	財務知識	5%
28	親和力	20%
29	積極主動	15%
30	情商	5%

表4-10(續)

序號	任職要求	所占比重
31	執行力強	20%
32	學習能力強	10%
33	服務意識	10%
34	領悟能力	5%
35	有原則	5%

(資料來源於前程無憂網、智聯招聘網，經過整理。)

很明顯，專科（及以上）學歷、人力資源管理（或相關）專業是對一般人力資源管理者的基本要求，人力資源管理崗位工作經驗和溝通能力是一般人力資源管理者最需要具備的。這四個在企業一般人力資源管理者招聘廣告中出現頻率最高的要求，也是大多數企業的共識。

一般人力資源管理崗位是進入人力資源管理領域的入門級，基本上都是執行上級的指令。這使得對其溝通能力的要求最高。為了能更好地完成上級安排的工作，他們需要具備組織協調能力、熟練使用辦公軟件、責任心、團隊合作精神、工作細心、職業素養、踏實穩重、掌握勞動法律法規等。不過令人意外的是，在一般人力資源管理者招聘廣告樣本中，沒有怎麼強調學習能力。其實，對於剛剛進入人力資源管理領域的人來說，學習能力越強，職業發展會越好。這可能跟樣本公司用人策略有關。

三、三支柱模型下人力資源管理專業人員勝任素質模型

（一）劉佩杰的人力資源業務夥伴勝任素質模型

劉佩杰（2016）在《人力資源業務夥伴勝任素質模型研究——基於人力資源四大角色的視角》一文中，提取出了人力資源業務夥伴勝任力模型的四個主要維度，並計算出了模型中各維度和各要素的權重大小。[1]

人力資源業務夥伴勝任素質模型的4個維度為整合者維度、專業人士維度、員工夥伴維度、諮詢顧問維度。整合者維度包括的9項勝任素質為溝通協調能力、資源整合能力、問題解決能力、傾聽反饋能力、推動變革能力、系統思維、創新能力、靈活性、責任心；專業人士維度包括的5項要素為人力資源

---

[1] 劉佩杰. 人力資源業務夥伴勝任素質模型研究——基於人力資源四大角色的視角 [D]. 北京：首都經濟貿易大學，2016.

管理知識、業務知識、行政專家、戰略管理知識、法律知識；員工夥伴維度中的 6 項要素為建立信任的能力、團隊合作意識、人際理解力、關係營造能力、親和力、樂群性；諮詢顧問維度中的 8 項要素為分析判斷能力、客戶導向、服務意識、主動性、影響力、說服力、表達能力、抗壓能力。

　　在人力資源業務夥伴勝任素質模型中，整合者維度的權重最大。這表明中國企業目前優秀的人力資源業務夥伴最需要的勝任素質是一種整合業務部門和人力資源管理部門資源，既滿足業務部門的需要，又能達成人力資源管理部門目標的素質，在兩個部門之間起到促進的作用。這也與現實中對人力資源業務夥伴的要求相符。其次是諮詢顧問維度。諮詢顧問和專業人士這兩個維度，都是從人力資源管理人員為業務部門提供專業服務的視角出發的，其中專業人士維度，是人力資源業務夥伴本身應該具備的專業素質的集合，是一種基本的勝任素質；而諮詢顧問維度，則更多的是人力資源業務夥伴在業務部門的一種功能性素質，尤其是在業務部門出現相關問題時，依據自身具有的專業知識，結合業務部門的實際，及時做出分析判斷，主動給出相關建議和解決方案的一種能力。而員工夥伴維度，更多地體現了相較於傳統的人力資源管理人員，人力資源業務夥伴在業務部門，尤其是在最初進入業務部門時，更應該注意與業務部門負責人及同事之間的相處問題，要建立起相互信任的關係。這也有利於日後相關工作的展開。

學習資料 4-2

IBM 基於四象限模型設計了 HRBP 相應的勝任力模型（見表 4-11）

表 4-11　　　　　　　　　　IBM 的 HRBP 勝任力

角色	知識	技能
戰略夥伴：將 HR 與業務戰略相關聯	◆戰略人力資源 ◆業務敏銳度 ◆財務管理 ◆戰略管理 ◆信息技術	◆作為管理團隊中的一員 ◆影響力 ◆基於業務目標調整 HR 計劃 ◆（組織）績效評估
變革推動者：管理組織變革	◆組織設計 ◆系統分析 ◆流程再造 ◆文化變革 ◆（組織）能力分析	◆變革管理 ◆諮詢/促動 ◆教導 ◆團隊開發

表4-11(續)

角色	知識	技能
員工後盾：培養（組織）能力	◆ 績效管理 ◆ 員工/管理者的培養 ◆ （個人）能力評估	◆ 交流 ◆ 指導 ◆ 教導
行政管理專家：大幅度降低HR職能成本	◆ 主題專家的知識 ◆ 信息技術 ◆ 流程再造 ◆ 客戶管理 ◆ 供應商管理	◆ 合作 ◆ 客戶關係 ◆ 服務需求評估 ◆ 供應商關係

（資料來源：康至軍. IBM基於Ulrich四角色模型的HRBP勝任力模型［OL］.［2016-12-15］. http://www.docin.com/p-1402056568.html.）

（二）HRBP素質要求的廣告分析

通過在前程無憂和智聯招聘網站進行搜索，我們獲得中國公司（18個民營公司、8個上市公司、8個外資企業、6個合資企業）針對HRBP的招聘廣告40份。其任職要求具體情況如表4-12所示。

表4-12　　　　　　　　HRBP素質要求統計

序號	任職要求	所占比重
1	溝通能力	100%
2	本科及以上學歷	85%
3	人力資源管理工作經驗	80%
4	責任心強	65%
5	協調能力	65%
6	抗壓能力	65%
7	熟悉人力資源各模塊流程及實際操作	65%
8	人力資源管理（或相關）專業	45%
9	積極主動	45%
10	學習能力	35%
11	解決問題的能力	35%
12	邏輯分析能力	30%
13	語言表達能力	30%
14	HRBP經驗	30%

表4-12(續)

序號	任職要求	所占比重
15	團隊精神	25%
16	思路清晰靈活	25%
17	親和力	25%
18	自我激勵	20%
19	使用辦公軟件的技能	20%
20	工作細心	20%
21	敬業精神	20%
22	執行力	15%
23	人際交往能力	15%
24	有原則	15%
25	應變能力	15%
26	性格開朗	15%
27	正直	10%
28	有激情	10%
29	理解能力	10%
30	對行業有自己的見解	10%
31	職業素養	10%
32	踏實穩重	10%
33	情緒管理	10%
34	熟悉勞動法律法規	10%
35	服務意識	10%
36	(有支撐過)團隊發展經驗	10%
37	大專及以上學歷	5%
38	判斷能力	5%
39	整合資源能力	5%
40	工作認真	5%
41	客觀	5%
42	有明確的職業規劃	5%
43	有韌性	5%

表4-12(續)

序號	任職要求	所占比重
44	職業興趣	5%
45	認同企業文化及價值觀	5%
46	創新思維	5%
47	熟練掌握人力資源基礎知識和技能	5%
48	時間管理	5%
49	英語溝通表達及寫作能力	5%

(資料來源於前程無憂網、智聯招聘網,經整理。)

HRBP是派駐到各業務部或事業部的人力資源管理者,協助各業務單元高層在員工發展、人才發掘、能力培養等方面的工作,與各部門在工作上接觸較為頻繁。因此要求其溝通能力突出,協調能力和抗壓能力強,同時在學歷和工作經驗、HRBP經驗以及熟悉人力資源管理各模塊流程及實際操作上也有要求,以便更好地完成相關的人力資源管理工作。此外,還要求HRBP有較強的責任心、工作細心、積極主動、學習能力強、思維敏捷並善於解決複雜的(人事管理)實際問題、個人親和力強、在挫折困難面前善於自我激勵等。

第二節　人力資源管理專業人員的勝任素質模型解讀

上節分別介紹了人力資源管理專業人員的勝任素質通用模型、各層次人力資源管理專業人員勝任素質模型、三支柱模型下人力資源管理專業人員勝任素質模型。為了使大家易於掌握和理解,本節試圖從知識、技能、能力及人格特徵四個維度歸納人力資源管理專業人員的勝任素質模型,並解讀它們的實際內涵。

一、模型

經分析和歸類,我們得出以下人力資源管理專業人員勝任素質模型。本模型共有4個構面:專業知識、技能、能力、人格特徵。如圖4-4所示。

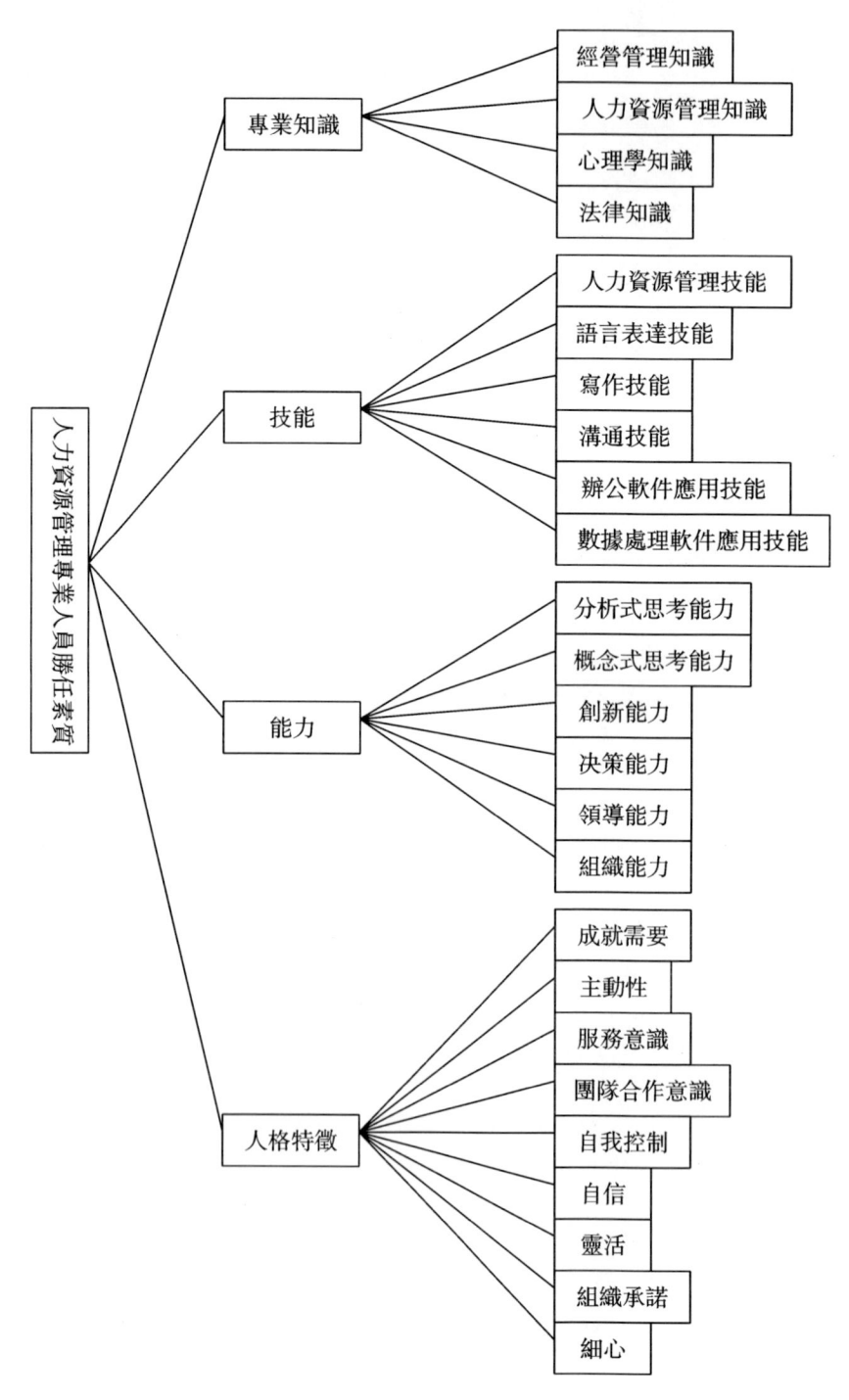

圖 4-4　人力資源管理專業人員勝任素質模型

- 人力資源管理專業人員勝任素質
  - 專業知識
    - 經營管理知識
    - 人力資源管理知識
    - 心理學知識
    - 法律知識
  - 技能
    - 人力資源管理技能
    - 語言表達技能
    - 寫作技能
    - 溝通技能
    - 辦公軟件應用技能
    - 數據處理軟件應用技能
  - 能力
    - 分析式思考能力
    - 概念式思考能力
    - 創新能力
    - 決策能力
    - 領導能力
    - 組織能力
  - 人格特徵
    - 成就需要
    - 主動性
    - 服務意識
    - 團隊合作意識
    - 自我控制
    - 自信
    - 靈活
    - 組織承諾
    - 細心

二、模型解讀

（一）專業知識

1. 項目類別

◆經營管理知識：企業是如何創造財富的？

◆人力資源戰略與規劃知識：人力資源管理目標是如何形成的？人力資源管理如何支撐企業戰略？如何制訂人員供求平衡計劃？

◆工作分析知識：每個職位應當做哪些事情？每個職位需要什麼樣素質的員工？

◆招聘與配置知識：讓誰來做每個職位上的事情？

◆培訓管理知識：如何幫助員工更好地完成他們當前從事的工作？如何幫助員工更好地完成他們未來的工作？

◆績效管理知識：如何確保員工正確地做事？

◆薪酬與福利管理知識：如何確保員工努力地做事？

◆員工關係管理知識：如何確保企業與員工之間保持良好的關係？

◆心理學知識：員工行為是怎樣形成的？

◆法律知識：相關法律賦予企業人力資源管理哪些權利？又有哪些約束？

2. 行為描述

◆擴充知識基礎，並積極獲取企業經營管理領域的各類知識。

◆掌握人力資源管理專門知識及實務操作技能。

◆理解企業是如何創造財富的。

◆理解人力資源管理部門是如何幫助業務部門完成工作的。

◆理解員工心理與行為的關係。

◆理解相關法律法規規定。

3. 如何學習專業知識

在專業知識學習上，傳統的課堂學習仍然是一種最為常用的方法。這是因為課堂學習具有以下優點：

◆使學員在較短時間內學到人們長期累積的豐富的知識。這是一種比較經濟、有效的教學方式。

◆有利於發揮講授者的作用。它保證了每個學員在講授者直接指導下進行學習。

◆有利於發揮集體的作用，同學之間可以相互激勵、相互學習；同時，學

員能接受不同講授者的教導，因為這些講授者在思想上、業務上、經驗上、風格上都有自己的特點，所以學員能夠全面學習和發展。

(二) 技能

1. 項目類別

◆人力資源管理技能：人力資源預測方法、工作分析方法、招聘方法、培訓與開發方法、績效考核工具、薪酬設計等。

◆語言表達技能：不僅起到傳遞信息的作用，還能夠體現一個人的修養、知識、魅力等。

◆寫作技能：書面的表達對溝通是有相當大的影響的。

◆溝通技能：良好的溝通能夠贏得別人的尊重、讚賞，使別人願意傾聽他們的意見。

◆辦公軟件應用技能：熟練掌握辦公軟件，可以提高工作的效率。

◆數據處理軟件應用技能：熟練掌握數據處理軟件，可以提高工作的科學性與有效性。

2. 行為描述

◆掌握各種人力資源管理工具和方法。

◆能在他人面前清楚、流利、有條理地口頭表達自己的想法（包括運用外語）。

◆能運用文字清晰準確地說明自己對工作的構想或看法（包括運用外語）。

◆能夠在較短時間內瞭解他人的態度、興趣、需要。

◆能夠聆聽他人的傾訴，且能夠預測其反應，並提前做好準備。

◆熟練使用各種辦公軟件。

◆熟練使用各種數據處理軟件。

3. 如何提升專業技能

對於專業技能，邊干邊學是一種比較有效的方法。它的一個基本理念就是：學員提升專業技能的過程實際上是一個首先觀察他人如何完成工作，然後對他們的行為進行模仿的過程。具體來說，邊干邊學有以下好處：

◆立竿見影。學習的知識和技能可以立即得到運用。邊學邊用，邊用邊學，知識和技能迅速深入你的頭腦，最終演練成你一生的傍身之技。

◆隨時隨地。社會實踐與工作場所就是一個大課堂，每天練習的各種項目就是一個個活生生的專業技能訓練題。

◆終身學習。在人生的不同階段，人們針對工作和生活中的不同需求，接

受不同的實踐素材與學習體驗，把階段學習變為終身學習，並在此過程中提升個人的專業技能。

學習資料 4-3

可雇傭性技能與高等教育

宋國學（2007）以人力資源管理專業學生為例，從高等教育角度實證分析其對可雇傭性技能的影響程度，明確高等教育對學生通用性技能的影響。

實證分析的結果表明，學生畢業時的可雇傭性技能與課程的可雇傭性開發之間具有顯著的相關性。高等院校改善課程的可雇傭性技能開發活動，有利於學生的可雇傭性技能開發經歷滿意度的提高，有利於促進學生在可雇傭性開發過程中的投入，從而有利於提升學生的可雇傭性技能，改善被雇傭狀況。

目前高校比較重視理論層面的教育，不太注重將理論與實踐結合。學生的課程學習難得有與實踐相結合的機會。這種情況也進一步說明目前的以分散的單元形式進行的人力資源管理職能的教學（如培訓課程、薪酬課程、招聘和甄選課程）方法不能促進學生將所學的東西從學習世界向工作世界遷移，以連貫的整體設計的課程和教學體系才能將分散方面結合在一起。這涉及課程變革和整個教學體系的變革。造成這一問題的根源在於可雇傭性教育目標的不明確，尤其是以行為為基礎的目標不明確。尤其值得注重的是，高校往往假定其教育的可雇傭性與就業需要是一致的，而沒有考慮讓用人單位參與到課程項目的設計中來。這也使得提供工作體驗機會以及整合工作體驗與課程活動不能很好地開展。

（資料來源於宋國學的《可雇傭性技能與高等教育：基於人力資源管理專業的實證分析》。其載於 2007 年 11 月的《基於全球視角的人力資源理論與實踐問題研究——國際人力資源開發研究會第六屆亞洲年會論文集》。）

（三）能力

1. 項目名稱

◆分析式思考能力：對事物進行觀察、比較、分析、綜合、抽象、概括、判斷、推理的能力，採用科學的邏輯方法，準確而有條理地表達自己思維過程的能力。

◆概念式思考能力：借由拼湊片段和著眼大格局來瞭解一個狀況或問題，包括找出關聯並不明顯的情況的模式或關係，找出複雜情況中的關鍵或根本議題。

◆創新能力：在工作崗位上創新自己工作的能力，產生新的思路、方法、措施、產生新的工作效果、效益。

◆決策能力：對某件事拿主意、做決斷、定方向的領導管理的綜合性能力。

◆領導能力：一系列行為的組合，而這些行為將會激勵人們跟隨領導去要去的地方，而不是簡單地服從。

◆組織能力：開展組織工作的能力，反應效率和效果的能力。

2. 行為描述

◆善於分析相關問題之間的因果關係，且能找出幾種解決方案並衡量其價值。

◆能根據實際情況適當修改已知的人力資源管理理念或方法並應用。

◆洞察需要，並能據此創造出人力資源管理的新模式或新理論。

◆能依照成本收益分析做人力資源決策。

◆擁有真實號召力，並提出共同願景，以激發人們對使命的熱情和承諾。

◆能高效地開展人力資源管理各項工作。

3. 如何提高能力

對於能力提高，案例討論是一種有效的方法，特別對於開發管理人員及一些專業人員必備的高層次腦力技能（比如分析問題的能力和解決問題的能力等）有較大的作用。這種方法就是要求學員研習案例材料，找出存在的問題，分析問題的重要性和難點，尋找各種可能的解決方案。具體來說，這種方法有以下作用：

◆增加學員對公司各項業務的瞭解。

◆對於提高學員的決策能力十分有效。

◆提高學員解決問題的能力。

（四）人格特徵

1. 項目名稱

◆成就需要：個人對於自己認為重要的或有價值的事，力求達成的慾望。

◆主動性：個體按照自己規定或設置的目標行動，而不依賴外力推動的行為品質。

◆服務意識：與他人交往中所體現的為其提供熱情、周到、主動的服務的慾望和意識。

◆團隊合作意識：與其他團隊成員協作完成工作的意識。

◆自我控製：自我行為判斷後進行的理性行為，這種理性的判斷和執行就構成自我控製力。

◆自信：對自身成功應付特定情境的能力的估價。

◆靈活：具有靈活的能力。它與原則性存在著一種辯證關係。

◆組織承諾：個人認同並參與一個組織的強度。

◆細心：心思細密。

2. 行為描述

◆努力工作，設定並完成自己預設的富有挑戰性的目標。

◆以前瞻性眼光開展人力資源戰略與規劃，避免問題發生。

◆工作狂熱，付出額外努力，使績效表現遠超過要求。

◆回應他人，並對其主動提出的或自己觀察發現的問題提供幫助。

◆配合企業需要，為其他部門提供人力資源諮詢與服務等方面的支持。

◆與企業內相關部門及員工保持良好關係，以贏得工作上的有力支持。

◆為促進團隊合作，付出多過平常的努力。

◆在壓力下不易被他人激怒，且能夠保持冷靜，並自我減壓。

◆在工作中遇到障礙或困難時，能夠堅持到底，絕不輕言放棄。

◆對自己的專業判斷、能力有信心，並願以行動來證明。

◆針對具體情況或他人的反應，改變個人行為或處事方式。

◆以組織利益為重，即使決定不受歡迎或有爭議也不在乎，並繼續推行。

◆細心，並自覺地重複檢查工作及信息的精確度。

3. 人格特徵是如何習得的

人格特徵不僅由遺傳決定，還會受環境影響。也就是說，人格特徵可以通過後天培養習得。比如，北美人在書籍、學校教育、家庭和友誼中始終貫穿著勤奮、成功、競爭、獨立、新教倫理等主題。因而與那些在重視他人關係、鼓勵合作、強調家庭優先於工作和職業的文化中成長起來的個體相比，北美人更可能具有進取心和攻擊性等特點。如何培養高成就型人員？以麥克利蘭為首的一批心理學家在哈佛大學進行了大量的實驗。他們選擇企業經理為研究對象，為了提高研究對象的成就需要，設計出一種「全壓」訓練班的方法。麥克利蘭為訓練班設定了四個目標：①教育參加者怎樣像具有較高成就感的人那樣思考、談吐以及行事。②鼓勵參加者為自己的今後兩年設置出更高的、計劃周密的現實工作目標，然後每六個月核查一次，檢驗其對自己預定目標的實現程度。③使用各種技巧使參加者瞭解自己，譬如向集體解釋自己的行為，進而共

同分析這一行為的動機,從而打破舊有的習慣和思維,重新審視自己的成就目標。④通過瞭解彼此之間的期望與擔憂、成功與失敗,在遠離日常生活的全新環境中,共享一段經歷,創造群體的團結精神和集體意識。最終,實驗是成功的。參加實驗的人員,不同程度地提高了成就動機。

學習資料 4-4

核心人格特質訓練:你的感恩名單中都有誰

「感恩」作為一種人格特質或一種習慣,有非常重要的心理保健功能。懂得感恩,不僅能夠使人體驗生活的幸福感,對環境與他人充滿敬重、關切和珍愛,還會激勵人為了使自己變得更加美好而奮鬥。

我在健康人格心理學課上向學生介紹新行為主義心理學的創始人斯金納時,談到他的行為塑造觀和通過環境控制達到自我控制的觀點。為了更好地幫助學生瞭解斯金納的學說,也為了幫助學生具備感恩這樣一種人格特質或者習慣,我決定激發學生對感恩的思考與實踐,為學生創造有益於培養感恩特質的環境。

上課了,我讓學生們拿出一個筆記本,用自己的五種感官(視覺、觸覺、嗅覺、聽覺、味覺)去細細體驗手中的本子。

我們先從視覺開始。我問學生:「你的本子看起來怎麼樣?它是什麼顏色?它的大小如何?封面上有沒有圖案?那個圖案講述的是什麼樣的故事?」

再細細體驗觸覺:「你的本子摸起來怎麼樣?它光滑嗎?是厚的還是薄的?摸著它時的手感舒服嗎?」

體驗嗅覺:「你的本子聞起來怎麼樣?它是一種什麼樣的味道?這個味道讓你想起了什麼?」

體驗聽覺:「翻一翻你的本子,你聽見了什麼?這個聲音讓你想到了誰?如果在上面寫字,那種筆在紙上摩擦的聲音會讓你產生什麼感覺?你喜歡筆尖在本子上滑動時的那種感覺嗎?」

體驗味覺:「當然本子是不可以吃的,因此很難知道它會產生什麼樣的味覺。但是,如果你的本子上記載的是菜譜,你是不是會回憶起曾經的味覺?」

……

做完這個練習之後,我要學生發言談感受。

06 級資產評估專業田睿同學說:「我拿的是我的記事本。過去我從來沒有仔細看過它,今天我才發現,它原來是我的一個好朋友。另外,這個本子是媽

媽給我買的。剛才用觸覺感受它時，我感覺到了媽媽的體溫。」

接著，我要大家閉上眼睛繼續想像：

「現在，這個讓我們產生了如此豐富體驗的本子是從哪裡來的？又是經過了怎樣的歷程才來到我們手中？

「它的誕生也許可以追溯到46億年前，古老恆星在壽命終止時的大爆炸。那些爆炸產生的塵埃經過46億年前的演化，形成我們的地球。然後不知道什麼時候，有一些樹種落在了地上，又經過了許多年，它們長成了一片樹林，再以後，經過伐木工人、伐木工具製造者、鐵路修建者、火車製造者、工廠廠房的建築者、工廠機器的製造者這一系列無數的人，那些樹被製造成紙張，然後又經過無數的手續——經銷商、採購員、商場，這個本子才終於擺上了商場的櫃臺。

「然而，那時候它還不是我們的。我們要擁有這個特定的本子，還需要很多很多的努力。

「比如，我們需要一對努力培養我們的父母，使我們今天能夠坐在這個教室裡，並給我們買這個本子。

「這還不夠，我們還需要有使自己成為一個大學生的決心和切實的努力，只有這樣才能夠坐在大學課堂裡；我們還需要有認真的學習態度，才會準備這樣一個筆記本。

「⋯⋯

「其實，能夠讓這樣一個本子成為我們的，還需要很多很多的因素。比如需要有一個和平而且物質豐富的國家，需要有一個資源豐富的地球，需要⋯⋯

「好，現在讓我們再來看手中的這個本子，你發現了什麼？」

05級貿經專業龔晨同學說：「我發現要得到這個本子實在是太不容易了。」

05級國際金融專業魏娜同學說：「我發現這不是一個新本子，它經歷了很多故事。以前我以為只有寫了東西的本子才有內容，現在才知道新的本子已經包含了很多智慧和內容，它不是空白的。」

05級統計專業周心同學說：「這個練習讓我非常震撼。我感覺當自己幸運地擁有了這個本子時，需要感謝很多東西。感謝周圍的一切，感謝這個世界。我需要感恩。」

後來作業中學生寫道：

「課上的遊戲給我一些啟示，在做遊戲時，我想到了父母、朋友，也想到了這些天總去看病時的不開心。但靜靜地想一想，我的生活很幸福，周圍都是

暖暖的色彩……這些日子，我內心似乎經歷了一種蛻變——柔和、平靜、自然，似乎身上很多硬硬的稜角被磨平了。」（06級貿經專業喬梁）

「一個小小的本子竟然可以凝聚那麼多的光陰、歷史和美麗的故事。它只是信手拈來的隨身物品，就足以令人感動。可見，生活中太多點點滴滴需要我們充滿感激之情。」（06級註會專業王佳）

「當老師讓我們用五感體驗自己的本子，引出一層層的感恩，特別是提到『感謝和平』時，我心中的感恩突然就『寬』了。每個事物都與其他許多事物聯繫。你對這個事物感恩時，其實不只是對它本身，而是感恩與它相聯繫的一系列事物，就像感謝一個本子可以引到感謝和平一樣。」（06級會計專業範妙言）

「說實話開始我並沒有想到什麼。但是隨著練習的深入，我突然有點兒不自在，腦海中浮現出被砍樹木痛苦掙扎的畫面。當時我不知道自己為什麼會有那樣的感受，現在我明白了，那是我在愧疚，為自己沒有對自然懷有感恩的心，也為人類肆意破壞自然而愧疚。我們總在忽略那些給予我們恩惠的東西。」（05級旅遊管理專業王忱）

很顯然，「作業本」的活動讓學生深切地感受到他們在成長過程中所得到的種種恩惠。

（資料來源：新華網——http://news.xinhuanet.com/edu/2007-06/17/content_6252185.htm）

第三節　高等院校人力資源管理專業本科在校生與企業人力資源管理人員在人力資源管理專業人員勝任力理解上的差異

本節以第二節人力資源管理專業人員勝任素質模型為基礎，與國內企業人力資源管理者、專家進行訪談，然後通過問卷調查，讓企業人力資源管理人員根據其實踐經驗和體會對所假設的勝任力進行認同的形式來研究。另外，本節還以廣西財經學院人力資源管理專業在校本科生的問卷調查為參照組進行比較研究。

訪談對象一是廣東和廣西企業中人力資源管理中的高層10人（包括人力

資源部經理、招聘主管、人事主管、培訓主管等），其中包括廣東5家企業（包括快消品業、快遞業、房地產業、銀行服務業和信息技術業等）、廣西3家企業（包括藥品業、房地產業、製造業等）；二是人力資源管理專家5人（主要是人力資源管理專業教師），其中包括高級職稱3人、講師2人。訪談包括以下內容：

◆這項工作是什麼？

◆誰參與了這項工作？

◆這項工作需要什麼樣的素質？

◆這種素質帶來什麼結果？

◆這種素質如何培養？

問卷調查的對象一是廣東和廣西企業中的人力資源管理專業人員，二是廣西財經學院人力資源管理專業的三年級和四年級本科學生。我們在企業中一共發放問卷100份，收回問卷95份，回收率為95%，有效問卷為80份，有效率為84.2%；在廣西財經學院本科人力資源管理專業12級和13級的在校學生中發放問卷221份，收回問卷201份，回收率為90.9%，有效問卷為199份，有效率為99.0%。問卷內容包括人力資源管理理論知識、心理學知識、法務知識、正直、主動性、親和力、口頭表達能力、溝通能力、建立關係能力、計算機技能、寫作技能、人力資源管理技能、創新能力、理解能力、團隊意識、細心、責任心。

一、高等院校人力資源管理專業本科在校生對人力資源管理專業人員勝任力的理解

（一）調查結果

199名人力資源管理專業本科在校生對人力資源管理專業人員勝任力的認識如表4-13所示。從表4-13可以看出，被選擇最多的人力資源管理專業人員勝任力項目是溝通能力，其次是人力資源管理理論知識、人力資源管理技能、口頭表達能力、法務知識、心理學知識、親和力、建立關係能力、計算機技能、寫作技能、主動性、正直。在對勝任力的重要程度進行排序時，被調查學生認為人力資源管理技能最為重要，此項位居榜首。人力資源管理知識緊隨其後，排在第二。排在第三的是溝通能力。其中，口頭表達能力、建立關係能力、法務知識、親和力、心理學知識、主動性、計算機技能重要程度居中。排在最後一名的勝任力因子是正直。令人驚訝的是寫作技能和計算機技能排名落

後，分別排在倒數第二和倒數第三。

表 4-13　人力資源管理專業本科在校生對人力資源管理專業人員勝任力的理解

序號	項目	選擇頻次百分比（%）	重要性排序
1	人力資源管理理論知識	12.1	2
2	心理學知識	8.2	8
3	法務知識	9.4	6
4	正直	3.6	12
5	主動性	5.2	9
6	親和力	8.2	7
7	口頭表達能力	9.8	4
8	溝通能力	12.5	3
9	建立關係能力	8.0	5
10	計算機技能	7.0	10
11	寫作技能	5.3	11
12	人力資源管理技能	10.6	1

　　總的來說，被調查對象普遍認為主動性等個性特質不是特別重要的人力資源管理專業人員勝任力，其排序在居中靠後的位置；在能力方面，溝通能力、口頭表達能力、建立關係能力的重要程度較為靠前；而在對待知識和技能方面卻表現出顯著性差異，人力資源管理技能和人力資源管理理論知識分別排在了第一和第二，而其他如法務知識以及計算機技能等卻排名靠後。

　　(二) 調查結果分析

　　通過以上調查結果，我們可以看出人力資源管理專業本科在校生對人力資源專業勝任力的理解有以下特點：

　　(1) 人力資源管理理論知識和人力資源管理技能得到高度肯定。這樣的結果可以說是在意料之中的。作為一名還沒走出校門的學生，他們對真正的企業人力資源管理實踐接觸極少或根本沒有接觸，只能站在一個學生的高度來理解——牢固的人力資源理論知識和熟練的技能是成為優秀的人力資源管理者最重要的素質因素。

　　(2) 重能力輕個性。由上面分析可以明顯看出，人力資源管理專業本科在校生對溝通能力、口頭表達能力、建立關係能力都非常看重，而對待主動性、親和力等個性特質卻持相反的態度。可以認為人力資源管理專業在校生對於深

層次的個性特質這一類勝任力是忽視的,因此在個人的學習成長中可能對培養不夠重視,最終導致個人特色不足。人力資源管理部門作為一個與各部門溝通交流最多的部門之一,其員工擁有較強的溝通能力是非常必要的。但是,親和力、主動性等也是一名優秀的人力資源管理者不可或缺的。

(3)重專業技能,輕其他技能。調查數據顯示,人力資源管理專業本科在校生普遍認為人力資源管理技能是最重要的勝任力,寫作技能和計算機技能卻是排名非常靠後的。目前,用人單位在招聘時對人力資源管理專業學生的綜合能力非常看重。他們所要求的能力素質除了專業技能、溝通能力外,還有較強的寫作技能,包括擬定相關文件、起草勞動合同、工作分析報告、員工調查問卷設計及調查報告的撰寫等。另外,計算機技能對於人力資源管理專業的大學生來說是重要的。人力資源管理信息系統的建立及維護、績效考核的量化以及素質測評等都需要人力資源管理者有較強的計算機技能,僅僅掌握計算機的基本知識及文字處理能力是不夠的。而數據反應出人力資源管理專業本科在校生對這些技能的忽視。這會造成其就業或與別人競爭時的一個劣勢。

二、企業人力資源管理人員對人力資源管理專業人員勝任力的理解

(一)訪談結果

根據訪談,我們對15位被訪談對象認為的人力資源管理專業人員勝任力要素進行了統計分析。結果如表4-14所示。

表4-14　　　　　　　勝任力要素描述性統計

序號	勝任力要素	百分比(%)
1	溝通協調能力	53.33
2	專業理論知識	33.33
3	知識面廣	26.67
4	思維邏輯能力	26.67
5	各種工具的應用能力	26.70
6	應變能力	20.00
7	處理問題能力	20.00
8	職業目標與定位清晰	20.00
9	分析問題能力	20.00
10	學習能力強、樂於學習	20.00

表4-14(續)

序號	勝任力要素	百分比（%）
11	法務知識	20.00
12	細心	20.00
13	性格外向活潑	20.00
14	戰略性思維	20.00
15	專業證書	20.00
16	沉穩	20.00
17	親和力	20.00
18	態度端正	13.33
19	善於思考	13.33
20	心理學知識	13.33
21	創新思維	13.3
22	耐心	13.33
23	忠誠度	13.33
24	規劃能力	13.33
25	主動性、積極性	13.33
26	英語技能	13.33
27	冷靜	13.33
28	高情商	13.33
29	全局意識	13.33
30	應用能力	13.33
31	組織策劃能力	6.67
32	跨界學習能力	6.67
33	團隊意識	6.67
34	公文寫作能力	6.67
35	海報製作技能	6.67
36	能屈能伸、胸懷廣闊	6.67
37	服務意識	6.67
38	職業培養意識	6.67
39	有原則	6.67

表4-14(續)

序號	勝任力要素	百分比（%）
40	對組織的認同感	6.67
41	興趣廣泛	6.67
42	性格溫和	6.67
43	發展眼光	6.67
44	演講能力	6.67
45	行銷理念	6.67
46	控製能力	6.67
47	財務知識	6.67
48	意志力	6.67
49	發散思維	6.67
50	執行力	6.67
51	互聯網思維	6.67
52	關注新事物	6.67

由表4-14可以看出，溝通協調能力被超過一半的訪談者認為是人力資源管理專業人員的勝任力要素。其次是人力資源管理理論知識，共有33.33%的訪談者提到。並列排在第三的是知識面廣、思維邏輯能力以及各種工具應用能力。並列排在第四位的要素共被提到20%，分別是應變能力、戰略性思維、分析問題能力、沉穩等12項。而排在第五位和第六位的勝任力要素分別有15項和32項，每項被提到的頻次分別是13.33%和6.67%。

(二) 問卷調查結果

1. 描述性分析

根據問卷調查結果，我們對80位被調查對象認為的人力資源管理專業人員勝任力要素進行統計分析。結果如表4-15所示。

表4-15　　　　　勝任力要素描述性統計　（N=80）

	極小值	極大值	均值	方差
您認為人力資源管理的專業知識對您工作的重要性如何	3	5	4.54	0.315
您認為勞動法律知識對工作的重要性如何	3	5	4.62	0.272

表4-15(續)

	極小值	極大值	均值	方差
您覺得心理學知識在您的工作中重要性如何	2	5	4.22	0.515
您認為熟練掌握辦公軟件對工作的重要性如何	3	5	4.17	0.674
您認為在工作中與上級、同事之間溝通的重要性如何	3	5	4.62	0.272
您認為外語技能對工作的重要性如何	2	5	3.17	0.768
您認為語言表達能力對工作的重要性如何	2	5	4.58	0.372
您認為創新能力對工作的重要性如何	3	5	4.28	0.453
您認為理解能力對工作的重要性如何	3	5	4.65	0.295
您認為團隊意識對工作的重要性如何	3	5	4.74	0.227
您認為細心對工作的重要性如何	3	5	4.65	0.295
您認為責任心對工作的重要性如何	4	5	4.91	0.085

在企業人力資源管理人員看來，人力資源管理專業知識、勞動法律知識、心理學知識、辦公軟件、溝通能力、語言表達能力、創新能力、理解能力、團隊意識、細心和責任心都是人力資源管理專業人員所需具備的重要素質，均值達4以上。均值從大到小依次是責任心、團隊意識、細心、理解能力、溝通能力、勞動法律知識、語言表達能力、人力資源管理專業知識、創新能力、心理學知識、辦公軟件。外語技能沒有得到企業人力資源管理人員認可，均值只有3.17。這可能跟選擇的樣本有關。

2. 不同從業時間的企業人力資源管理人員在勝任素質理解上的差異

在調查中，我們根據從業時間的不同把調查對象分為從業2年內、從業2~5年、從業5年及以上三類人群，對從業時間進行交叉分析，所得結果如表4-16至表4-27所示。不同從業時間的企業人力資源管理人員有著不同的閱歷和經驗，對勝任素質的看法存在著差異。從業時間越久，對心理學知識、勞動法律知識、溝通能力、團隊意識越認可；從業時間越短，對辦公軟件、外語技能、創新能力、理解能力、細心越認可。這種差異跟他們所處的職位要求可能緊密相關。畢竟從業時間越短意味著職位不高，需要理解上層意圖，並能夠實施有關職能。

表 4-16　　　　　人力資源管理專業知識重要性的交叉分析（N=65）

		您認為人力資源管理的專業知識對您工作的重要性如何			合計
		一般重要	比較重要	非常重要	
從業 2 年以內	計數	0	10	13	23
	百分比	0	43.4%	56.6%	100%
從業 2~5 年	計數	1	7	11	19
	百分比	5.2%	36.8%	58.0%	100%
從業 5 年以上	計數	1	9	13	23
	百分比	4.3%	39.1%	56.6%	100%

表 4-17　　　　　勞動法律知識重要性的交叉分析（N=65）

		您認為勞動法律知識對工作的重要性如何			合計
		一般重要	比較重要	非常重要	
從業 2 年以內	計數	0	11	12	23
	百分比	0	47.8%	52.2%	100%
從業 2~5 年	計數	1	4	14	19
	百分比	5.2%	21.0%	73.8%	100%
從業 5 年以上	計數	0	8	15	23
	百分比	0	34.7%	65.3%	100%

表 4-18　　　　　心理學知識重要性的交叉分析（N=65）

		您覺得心理學知識在您的工作中的重要性如何				合計
		比較不重要	一般重要	比較重要	非常重要	
從業 2 年以內	計數	1	1	13	8	23
	百分比	4.3%	4.3%	56.5%	34.9%	100%
從業 2~5 年	計數	0	3	6	10	19
	百分比	0	15.7%	31.5%	52.8%	100%
從業 5 年以上	計數	0	4	13	6	23
	百分比	0	17.3%	20.0%	56.7%	100%

表 4-19　　　　　　　辦公軟件重要性的交叉分析（N=65）

		您認為熟悉掌握辦公軟件對工作的重要性如何			合計
		一般重要	比較重要	非常重要	
從業 2 年以內	計數	3	8	12	23
	百分比	13.0%	34.8%	52.2%	100%
從業 2~5 年	計數	6	7	6	19
	百分比	31.5%	37.0%	31.5%	100%
從業 5 年以上	計數	8	5	10	23
	百分比	34.7%	21.7%	43.6%	100%

表 4-20　　　　　　　溝通能力重要性的交叉分析（N=65）

		您認為在工作中與上級、同事之間溝通的重要性如何			合計
		一般重要	比較重要	非常重要	
從業 2 年以內	計數	0	9	14	23
	百分比	0	39.1%	60.9%	100%
從業 2~5 年	計數	0	9	10	19
	百分比	0	47.3%	52.7%	100%
從業 5 年以上	計數	1	5	17	23
	百分比	4.3%	21.7%	74.0%	100%

表 4-21　　　　　　　外語技能重要性的交叉分析（N=65）

		您認為外語技能對工作的重要性如何				合計
		比較不重要	一般重要	比較重要	非常重要	
從業 2 年以內	計數	5	9	6	3	23
	百分比	21.7%	39.1%	26.0%	13.2%	100%
從業 2~5 年	計數	5	7	6	1	19
	百分比	26.3%	30.4%	26.1%	4.2%	100%
從業 5 年以上	計數	6	10	7	0	23
	百分比	26.0%	43.4%	30.6%	0	100%

表 4-22　　　　語言表達能力重要性的交叉分析（N=65）

		您認為語言表達能力對工作的重要性如何				合計
		比較不重要	一般重要	比較重要	非常重要	
從業 2 年以內	計數	0	0	8	15	23
	百分比	0	0	34.7%	65.3%	100%
從業 2~5 年	計數	1	1	6	11	19
	百分比	5.2%	5.2%	31.5%	58.1%	100%
從業 5 年以上	計數	0	0	8	15	23
	百分比	0	0	34.7%	65.3%	100%

表 4-23　　　　創新能力重要性的交叉分析（N=65）

		您認為創新能力對工作的重要性如何			合計
		一般重要	比較重要	非常重要	
從業 2 年以內	計數	2	8	13	23
	百分比	8.7%	34.7%	56.6%	100%
從業 2~5 年	計數	4	8	7	19
	百分比	21.0%	42.1%	36.9%	100%
從業 5 年以上	計數	2	15	6	23
	百分比	8.7%	65.2%	26.1%	100%

表 4-24　　　　理解能力重要性的交叉分析（N=65）

		您認為理解能力對工作的重要性如何			合計
		一般重要	比較重要	非常重要	
從業 2 年以內	計數	1	5	17	23
	百分比	4.3%	21.7%	74.0%	100%
從業 2~5 年	計數	0	6	13	19
	百分比	0	31.5%	68.5%	100%
從業 5 年以上	計數	1	8	14	23
	百分比	4.3%	34.7%	61.0%	100%

表 4-25　　　　　　團隊意識重要性的交叉分析（N=65）

		您認為團隊意識對工作的重要性如何			合計
		一般重要	比較重要	非常重要	
從業 2 年以內	計數	0	6	17	23
	百分比	0	26.1%	73.9%	100%
從業 2~5 年	計數	0	5	14	19
	百分比	0	26.3%	73.7%	100%
從業 5 年以上	計數	1	4	18	23
	百分比	4.3%	17.4%	78.3%	100%

表 4-26　　　　　　細心重要性的交叉分析（N=65）

		您認為細心對工作的重要性如何			合計
		一般重要	比較重要	非常重要	
從業 2 年以內	計數	1	3	19	23
	百分比	4.3%	13.1%	82.6%	100%
從業 2~5 年	計數	1	7	11	19
	百分比	5.3%	36.8%	57.9%	100%
從業 5 年以上	計數	0	9	14	23
	百分比	0	39.1%	60.9%	100%

表 4-27　　　　　　責任心重要性的交叉分析（N=65）

		您認為責任心對工作的重要性如何		合計
		比較重要	非常重要	
從業 2 年以內	計數	2	21	23
	百分比	8.7%	91.3%	100%
從業 2~5 年	計數	2	17	19
	百分比	10.5%	89.5%	100%
從業 5 年以上	計數	2	21	23
	百分比	8.7%	91.3%	100%

三、人力資源管理專業本科在校生與企業人力資源管理人員在人力資源管理專業人員勝任力理解上的差異

（一）專業知識

在校生認為人力資源管理理論知識的重要程度較高，在 12 個二級素質項目中重要程度為第二；而企業人力資源管理人員認為人力資源管理理論知識累計重要程度在 80% 及以上的占 96.9%，排列第四。在校生認為勞動法律知識在 12 個項目中重要程度為第六；企業人力資源管理人員認為勞動法律知識累計重要程度在 80% 及以上的占 98.2%，排列第三。在校生認為心理學知識在 12 個項目中重要程度為第八；企業人力資源管理人員認為心理學知識累計重要程度在 80% 及以上的占 86.1%，排列第六。從比較中可以看出，在校生更為重視人力資源管理理論知識，而企業人力資源管理人員更加重視勞動法律知識。這種差異反應出人力資源管理專業本科教育的特點——重理論輕實務。

（二）技能

在校生認為計算機技能在 12 個項目中重要程度為第十，排名靠後；企業人力資源管理人員認為計算機技能累積重要程度在 80% 及以上的占 73.9%，排列第七。在校生認為人力資源管理技能在 12 個項目中重要程度為第一，而寫作技能的重要程度則較低，排列第十一。很明顯，在校生不重視工具，不清楚工具在人力資源管理工作中的重要作用。

（三）能力

在校生認為口頭表達能力在 12 個項目中的重要程度為第四，排名靠前；企業人力資源管理人員認為語言表達能力累積重要程度在 80% 及以上的占 96.4%，排列第四。在校生認為溝通能力在 12 個項目中的重要程度較高，排列第三；企業人力資源管理人員認為溝通能力累積重要程度在 80% 及以上的占 98.5%，排列第二。在校生認為建立關係能力在 12 個項目當中較為重要，排列第五；企業人力資源管理人員認為理解能力和創新能力累積重要程度在 80% 及以上的分別占 96.9%、87.7%，重要程度較高，分別排列第四、第五。因此，不管是在校生還是企業人力資源管理人員對能力的認識差別不大，都比較認可溝通能力的重要性。

（四）人格特徵

在校生認為親和力、主動性、正直這幾項勝任素質在 12 個項目當中的重要程度都偏低，分別排列在第七名、第九名、第十二名。企業人力資源管理人

員認為責任心、團隊意識、細心這三項勝任素質累積重要程度在80%及以上的分別占100%、98.5%、96.9%，分別排列在第一名、第二名、第四名，且三個項目的重要程度較高。顯然，在校生對個人特質很不以為然。這和企業人力資源管理人員的認知存在著很大差異。在企業人力資源管理人員看來，人格特徵對做好人力資源管理工作有著重要的意義，甚至超過對知識、技能和能力的要求。

本章小結

以烏爾里奇為代表的學者們認為，人力資源管理專業人員的勝任素質不僅僅是指知識，更重要的是運用這些知識的能力，即知道應當如何去做，為企業業務的發展和戰略目標的實現做出貢獻。

由於不同層級人力資源管理人員的工作內容不同，不同層級人力資源管理人員勝任力存在差異。如果說戰略貢獻能力是人力資源經理最為重要的素質的話，那麼解決問題的能力是基層人力資源管理者所需具備的第一要件。對於一般人力資源管理者來說，對其溝通能力和學習能力要求最高。

雖然不同學者把人力資源管理專業人員勝任素質劃分為不同構面，但脫離不了知識、技能、能力、心理特徵四大要素。這種劃分對於初學者來說很重要，更容易理解和把握。

人力資源管理專業本科在校生與企業人力資源管理人員在人力資源管理專業人員勝任素質理解上存在著一定的差異。企業人力資源管理人員更為重視人格特徵，而在校生更加看重人力資源管理知識和技能。

思考題

1. 人力資源管理專業人員需要哪些素質？
2. 各層級人力資源管理專業人員所需素質存在哪些差異？
3. 如何學習人力資源管理專業知識？
4. 如何提升人力資源管理專業技能？
5. 如何提高人力資源管理能力？
6. 如何訓練人格特質？
7. 人力資源管理專業本科在校生與企業人力資源管理人員在人力資源管理專業人員勝任素質理解上存在哪些差異？

訓　練

請填寫人力資源管理專業人員勝任力量表（見表 4-28），對自己選擇的結果與其他同學或企業人力資源管理人員的結果進行比較，並討論之間的差異。

填寫規則：

非常重要——請選擇⑤；

比較重要——請選擇④；

一般水平——請選擇③；

不太重要——請選擇②；

極不重要——請選擇①。

表 4-28　　　　　　　　人力資源管理專業人員勝任力量表

序號	行為描述	重要程度
1	擴充知識基礎，並積極獲取企業經營管理領域的各類知識	① ② ③ ④ ⑤
2	掌握人力資源管理專門知識及實務操作技能	① ② ③ ④ ⑤
3	理解企業是如何創造財富的	① ② ③ ④ ⑤
4	理解人力資源管理部門是如何幫助業務部門完成工作的	① ② ③ ④ ⑤
5	理解員工心理與行為的關係	① ② ③ ④ ⑤
6	理解相關法律法規規定	① ② ③ ④ ⑤
7	掌握各種人力資源管理工具和方法	① ② ③ ④ ⑤
8	能在他人面前清楚、流利、有條理地口頭表達自己的想法（包括運用外語）	① ② ③ ④ ⑤
9	能運用文字清晰、準確地說明自己對工作的構想或看法（包括運用外語）	① ② ③ ④ ⑤
10	能夠在較短時間內瞭解他人的態度、興趣、需要	① ② ③ ④ ⑤
11	能夠聆聽他人的傾訴，且能夠預測其反應，並提前做好準備	① ② ③ ④ ⑤
12	熟練使用各種辦公軟件	① ② ③ ④ ⑤
13	熟練使用各種數據處理軟件	① ② ③ ④ ⑤
14	善於分析相關問題之間的因果關係，且能找出幾種解決方案並衡量其價值	① ② ③ ④ ⑤
15	能根據實際情況適當修改已知的人力資源管理理念或方法並應用	① ② ③ ④ ⑤
16	洞察需要，並能據此創造出人力資源管理的新模式或新理論	① ② ③ ④ ⑤
17	能依照成本收益分析做人力資源決策	① ② ③ ④ ⑤

表4-28(續)

序號	行為描述	重要程度
18	擁有真實號召力，並提出共同願景，以激發人們對使命的熱情和承諾	① ② ③ ④ ⑤
19	能高效地開展人力資源管理各項工作	① ② ③ ④ ⑤
20	努力工作，設定並完成自己預設的富有挑戰性的目標	① ② ③ ④ ⑤
21	以前瞻性眼光開展人力資源戰略與規劃，避免問題發生	① ② ③ ④ ⑤
22	工作狂熱，付出額外努力，使績效表現遠超過要求	① ② ③ ④ ⑤
23	回應他人，並對其主動提出的或自己觀察發現的問題提供幫助	① ② ③ ④ ⑤
24	配合企業需要，為其他部門提供人力資源諮詢與服務方面的支持	① ② ③ ④ ⑤
25	與企業內相關部門及員工保持良好關係，以贏得工作上的有力支持	① ② ③ ④ ⑤
26	為促進團隊合作，付出多過平常的努力	① ② ③ ④ ⑤
27	在壓力下不易被他人激怒，且能夠保持冷靜，並自我減壓	① ② ③ ④ ⑤
28	在工作中遇到障礙或困難時，能夠堅持到底，絕不輕言放棄	① ② ③ ④ ⑤
29	對自己的專業判斷、能力有信心，並願以行動來證明	① ② ③ ④ ⑤
30	針對具體情況或他人的反應，改變個人行為或處事方式	① ② ③ ④ ⑤
31	以組織利益為重，即使決定不受歡迎或有爭議也不在乎，並繼續推行	① ② ③ ④ ⑤
32	細心，並自覺地重複檢查工作及信息的精確度	① ② ③ ④ ⑤

案例閱讀

如何搭建勝任力素質模型？

人才是企業的核心競爭力。為了適應企業業務的迅速發展，企業更加注重對優秀人才的選拔和培養力度。但是，在人才選拔或人員晉升等工作的開展過程中，企業欠缺科學合理的勝任力素質模型，出現了員工無法勝任崗位、人崗不匹配的現象。那麼，用什麼標準來選拔能勝任崗位的優秀人才呢？此時，通過搭建勝任力素質模型來對員工進行科學評價就顯得尤為重要。科學合理的勝任力素質模型可以公平、公正地評價人員，對人員選拔、人員配置等起到真正的指導作用。由此可見，搭建科學合理的勝任力素質模型是企業選拔優秀人才、實現人崗匹配的重要環節。本案例是人力資源專家——華恒智信為某電子元器件行業搭建勝任力素質模型的項目紀實。

客戶背景

深圳某科技股份有限公司成立於1995年，是一家專業從事環保節能的電

源及磁性元件研發、生產、銷售的高新技術企業。公司主要產品包括開關電源適配器、動力電池充電器、音響電源、LED照明電源等產品。產品廣泛使用於LED液晶顯示器、液晶電視、可視電話、便攜計算機等領域。在技術和工藝上，公司緊跟國際行業技術前沿，不斷引進吸收先進技術和設計理念，擁有200多人的研發隊伍，員工總人數達2,300人。憑藉優秀的研發隊伍和較高的管理水平，公司始終保持快速發展的態勢，其產品暢銷國內外市場，在行業中處於領先地位。

優秀的技術人才和管理人才對企業的發展非常重要，但是用什麼標準來選拔能勝任崗位的優秀人才呢？這一直是該企業的管理難題。因此，企業管理者邀請華恒智信進駐企業，幫助企業有效甄選優秀人才，促進企業進一步發展。

現狀、問題及分析

為適應企業業務的迅速發展，公司加大了對優秀人才的選拔和培養力度。但是，在人才選拔或人員晉升等工作的開展過程中，公司一直欠缺科學、合理的評價系統，過度依賴評選人員的主觀評價，人崗不匹配的現象也比較常見。訪談中，設計部的領導給我們舉了一個實例：設計部的李潤是名牌大學畢業的碩士研究生，創新意識較強，但是其協調能力、影響力、組織能力等稍有欠缺。公司領導認為李潤是一個非常有發展潛力的設計師，也投入了大量的精力和時間來培養李潤。從實際工作來看，李潤承擔了幾個大的設計項目，都能圓滿完成任務。正是基於其優秀的工作表現，李潤被提拔為設計部的項目經理，負責帶領項目組成員完成設計項目。但是，不久李潤就開始無法掌控局面，管理出現混亂，所負責的幾個項目都不能按期完成，工作質量也頻頻出現問題。上級領導不滿意，下屬的意見也非常大。領導也非常困惑：為什麼原來表現非常優秀的員工被提拔後反而不能勝任崗位要求呢？

基於此，公司領導也提出引入勝任力素質模型，借助科學的管理手段來提升企業的管理水平，促進企業發展。但是，在應用外部勝任力素質模型的過程中，公司管理者發現，外部的勝任力素質模型大多為定性描述。比如，解決問題能力的等級劃分中，一級的評價標準是「能提出一些解決問題的思路，並取得一定的效果」，二級的評價標準是「能提出比較好的解決問題的思路，並能解決一些問題」，而對於「一定的效果」「較好的思路」等欠缺科學、明確的描述。其在實際應用過程中很難明確劃分幾個等級之間的差異，受評價人員的主觀因素影響較大，難以準確劃分人員能力的等級，對人員選拔和晉升也無法起到有效的指導作用。因此，該公司的管理者提出建立一套定製式的、能落地

的勝任力素質模型，以公平、公正地評價人員，對人員選拔、人員配置等起到真正的指導作用。

華恒智信的解決方案

通過深入的訪談和分析，華恒智信顧問團隊提出為企業量身打造勝任力素質模型的解決思路，同時，幫助企業梳理基於勝任力素質模型的培訓課程，加大對管理者及優秀人才的培養力度。

1. 建立科學合理的勝任力素質模型

基於對該企業各崗位的工作分析等基礎工作，華恒智信顧問團隊為該企業搭建了各崗位的勝任力素質模型。

（1）從職業能力、職業意識、職業品德三個維度設計評價指標，對員工進行綜合評價

三個評價維度涵蓋了員工工作能力、工作態度和職業素養等多個方面，既能保證人才的專業性，也能將員工的工作態度、職業素養考慮其中，保證了對員工評價的全面性，避免出現訪談中所舉例子中出現的人員單方面有優勢而又無法勝任崗位的現象。其中，職業能力包括解決問題能力、邏輯思維能力、溝通協調能力等，職業意識包括成本意識、創新意識、風險意識等，職業品德包括遵章守紀、廉潔奉公等。

（2）明確不同等級的核心行為，建立科學、明確、可實操的評價標準

華恒智信在開展諮詢項目過程中，非常注重解決方案的可行性和可實操性。為確保勝任力素質模型可落地實施，在此次項目中，華恒智信顧問創新性地提出提取不同等級的核心行為點，並進行明確描述，對能力等級進行有效劃分。同時，明確的行為描述可為員工提供正向的行為引導，使得員工有清晰、明確的努力方向。

2. 基於勝任力素質模型，建立培訓課程體系，加大人才培養力度

華恒智信從概念解析、主觀過程分析等五個方面，對每一個能力素質要素進行解析，深刻挖掘該要素的內涵，並提出其所對應的培訓要點，建立系統的培訓課程體系。其中：①要素的概念及本質剖析。對具體能力素質要素的內涵和外延做深入的解析，從而框定該要素的培訓要求。②主觀過程分析。按照人的主觀能動過程規律，依據冰山模型和綜合干預模型，從意識觀念、素養特質、認知與能力、知識與技能一直到行動和結果，分析該要素的培訓關鍵點。③實踐過程分析。按照要素在實踐過程中的一般過程、流程，逐步探悉該要素在實踐中的各個關鍵環節。④特定情境分析。結合工作實際情況，將該要素放

在不同工作情境下再進行衡量，發現其獨特的培訓要點。⑤工作實踐及問題呈現。回到工作實踐中，結合前期訪談的素材，分析經理人在各要素上的具備程度、體現方式、存在問題等，從而使培訓更貼近實際。

華恒智信的思考與總結

勝任力素質模型的搭建對多個環節的人力資源管理業務（比如人才招聘、員工培訓、人力資源配置、後備人才培養、績效管理、人才激勵等）都有著直觀重要的作用。企業可通過勝任力素質模型的搭建和能力評估來評價員工在能力素質方面的差距以及可改進的方向和程度。同時，各個崗位所要求的能力素質及標準一旦被確定，企業就可以通過培訓等方式促使員工進行學習，達到崗位要求。

該案例中華恒智信搭建的勝任力素質模型，從職業能力、職業意識及職業品德三個維度對員工進行綜合評價，對具體評價指標根據不同等級的關鍵行為點進行等級劃分，在科學、有效地評價人員的基礎上，也有效引導員工的工作行為，給員工提供了自我提升的方向。同時，建立了基於勝任力素質模型的培訓課程體系，以促進企業對優秀人才的有效培養。經過一段時間的運行，客戶方領導反饋華恒智信所設計的勝任力素質模型及培訓課程體系非常有效，幫助企業解決了如何評價優秀人才的難題，也促進了企業的人才培養。客戶方對華恒智信給予了高度的認可。由此可見，搭建科學合理的勝任力素質模型是企業選拔優秀人才、實現人崗匹配的重要環節。

（資料來源：世界經理人論壇——http://www.ceconlinebbs.com/FORUM_POST_900001_900004_1070028_0.HTM）

第五章　高等院校人力資源管理專業教育發展

學習目標

    1. 瞭解高等院校人力資源管理專業發展現狀。
    2. 瞭解高等院校人力資源管理專業培養目標。
    3. 瞭解高等院校人力資源管理專業課程設置。
    4. 瞭解高等院校人力資源管理專業教學方法。
    5. 瞭解高等院校人力資源管理專業本科在校生與企業人力資源管理人員在人才培養理解上的差異。

關鍵術語

    培養目標（Training Objective）
    課程設置（Curriculum）
    教學方法（Teaching Method）

    目前中國大部分企業中的人事部門已轉變為人力資源管理部門，人力資源管理也不再是傳統認識上的人事行政管理和事務管理，而是把人力資源能力的開發與廣納人才放在戰略的位置，作為工作的重中之重。而掌握過硬的專業性人力資源管理知識和技能的從業人員十分稀缺。據瞭解，人力資源管理人才的缺口在全國達 50 萬人，人力資源管理人才已成為社會中的緊缺人才。在「亞洲緊缺的 30 種人才」調查中，人力資源管理人才也位居其中。如何彌補這個缺口？這當然需要高等院校設置科學的理論教育體系，加強人才培養。因此，高等院校人力資源管理專業教育是隨著社會需求的不斷高漲而逐漸發展起來的。

第一節 發展現狀

中國人力資源管理本、專科專業是從20世紀50年代的勞動經濟學專業成長起來的。其間經歷了五個發展階段：第一階段，從20世紀50年代起到文化大革命前，是勞動經濟學專業的初創時期；第二階段，從1966年到1976年，是文化大革命期間勞動經濟學專業的停辦時期；第三階段，從1976年到1992年，是勞動經濟學專業和勞動人事管理專業的恢復發展時期；第四階段，從1992年到1998年，是勞動經濟學、勞動人事管理和人力資源管理專業的並行發展時期；第五階段，1998年以後，是人力資源管理專業的獨立發展時期。

改革開放以來，在中國人力資源管理本科專業的發展過程中，帶有標誌性的事件有以下幾項：第一，中國人民大學勞動人事學院於1986年首次招收人事管理專業的本科生和幹部專修生，成為國內最早培養人力資源管理專業人才的教學基地；第二，原國家教委於1992年首次將勞動人事管理專業更名為人力資源管理專業，人力資源管理被正式列入大學本科專業目錄，實現了從勞動人事管理向人力資源管理的轉變；第三，中國人民大學勞動人事學院於1993年率先招收人力資源管理專業的本科生；第四，國家教育部於1998年頒布《普通高等學校本科專業目錄》，將勞動經濟學專業並入人力資源管理專業，最終完成了人力資源管理專業對勞動經濟學專業和勞動人事管理專業的替代；第五，中國人民大學勞動人事學院受教育部委託完成了「人力資源管理專業課程結構、主幹課程及其主要教學內容研究」項目，並於1999年12月召開了「人力資源管理專業教學改革國家研討會」，2000年8月又在烟臺中國煤炭經濟學院召開了首屆「人力資源管理教學與實踐研討會」，並成立了「中國人力資源管理教學與實踐研究會」，加強高校間的交流與合作。[①]

一、人力資源管理專業本、專科教育的發展現狀

中國人力資源管理專業本、專科教育的迅速發展始於21世紀之後。據部分研究中國人力資源管理專業發展過程的論文記載，中國招收人力資源管理專

---

① 劉冠生. 中國人力資源管理高等教育發展芻議［J］. 山東理工大學學報（社會科學版），2009（5）：66-70.

業本、專科的學校數量變動如下：1993 年，人力資源管理本科專業首次在中國人民大學設置；1999 年全國還只有 37 所高校開設該專業，2000 年開設該專業的院校已增加到 61 所；2001 年，全國共有 90 多所院校設有人力資源管理專業；2006 年，中國普通高校人力資源管理專業本科教育機構已經發展到 139 個，專科教育機構有 55 個。[①] 截止到 2015 年 12 月底，全國開設人力資源管理專業本科教育的高等院校更是達到了 445 所，招收本科生 30,000~32,000 人；開設專科教育的高等院校也達到了 275 所，招收專科生 12,000~14,000 人。分布情況見表 5-1。不管是本科教育還是專科教育，人力資源管理專業教育就業情況都十分良好。2013—2015 年，人力資源管理專業本、專科教育的就業率區間見表 5-2。

表 5-1　　開設人力資源管理專業本、專科教育的高等院校分布

地區	本科	專科
北京	17	6
天津	13	2
河北	17	18
山西	6	4
內蒙古	6	6
遼寧	17	4
吉林	13	1
黑龍江	13	8
上海	9	4
江蘇	33	13
浙江	16	6
安徽	20	9
福建	12	13
江西	14	15
山東	18	19
河南	24	22
湖北	27	8

---

① 劉冠生. 中國人力資源管理高等教育發展芻議 [J]. 山東理工大學學報（社會科學版），2009 (5)：66-70.

表5-1(續)

地區	本科	專科
湖南	27	13
廣東	36	35
廣西	14	16
海南	4	4
重慶	10	4
四川	20	11
貴州	7	6
雲南	5	5
西藏	1	0
陝西	26	13
甘肅	6	2
青海	3	0
寧夏	2	2
新疆	9	6
合計	445	275

(數據來源：陽光高考網)

表 5-2　　人力資源管理專業本、專科教育的就業率區間分布

層次	2013 年	2014 年	2015 年
本科	85%~90%	75%~80%	75%~80%
專科	85%~90%	75%~80%	80%~85%

(數據來源：陽光高考網)

學習資料 5-1

2016—2017 年中國大學人力資源管理本科專業排名

2016 年 2 月 23 日，中國科學評價研究中心（RCCSE）、武漢大學中國教育質量評價中心聯合中國科教評價網隆重推出《2016 年中國大學及學科專業評價報告》，並發布了中國大學本科專業排行榜。表 5-3 是 2016—2017 年的人力資源管理專業排名。

表 5-3　2016—2017 年中國大學人力資源管理本科專業排名

排序	學校名稱	水平	開此專業學校數
1	中國人民大學	★★★★★	331
2	北京大學	★★★★★	331
3	西南財經大學	★★★★★	331
4	南開大學	★★★★★	331
5	東北財經大學	★★★★★	331
6	首都經濟貿易大學	★★★★★	331
7	南京大學	★★★★★	331
8	廈門大學	★★★★★	331
9	山東大學	★★★★★	331
10	西安交通大學	★★★★★	331
11	中山大學	★★★★★	331
12	北京師範大學	★★★★★	331
13	江西財經大學	★★★★★	331
14	蘭州大學	★★★★★	331
15	大連理工大學	★★★★★	331
16	武漢大學	★★★★★	331
17	中南財經政法大學	★★★★★	331
18	華東師範大學	★★★★★	331
19	華南師範大學	★★★★	331
20	對外經濟貿易大學	★★★★	331

註：★數越多，表示專業評價越高。

（資料來源：中國科學評價中心——http://www.examw.com/gaokao/zhiyuan/zyph/153178/）

二、人力資源管理專業研究生教育的發展現狀

中國人力資源管理專業和方向研究生教育起步較晚。1996 年，中國人民大學勞動人事學院率先在全國招收勞動經濟學專業的人力資源管理方向的在職研究生；之後，人力資源管理還被列為企業管理專業碩士研究生的一個專業方向。時至今日，中國還沒有將人力資源管理作為一個專業納入碩士研究生招生目錄。但是，根據經濟與社會發展的需要，中國部分高校已經通過自設碩士學位授予點和碩士研究生專業的辦法設置了人力資源管理碩士研究生專業，只是有資格自設碩士學位授予點的教育機構不多，因而中國人力資源管理專業的碩士學位授予點較少。這些授予點大多集中在工商管理和公共管理等學科中。例

如，把人力資源管理碩士專業放在工商管理學科中的高等學校有中國人民大學、中央財經大學、南開大學、山西財經大學、東北財經大學、上海對外經貿大學、江西師範大學、武漢大學、華南師範大學、重慶工商大學、西南財經大學、貴州財經大學等；把人力資源管理碩士專業放在公共管理學科中的高等學校有北京師範大學、中國政法大學、山東財經大學、中南財經政法大學、西北師範大學等。

學習資料 5-2

人力資源管理研究生專業排名

2016年10月10日，中國科學評價研究中心（RCCSE）、中國科教評價網（www.nseac.com）和武漢大學中國教育質量評價中心（ECCEQ）聯合發布了2016年中國研究生教育分專業排行榜，共公布了394個研究生專業排行榜單。表5-4是2016年人力資源管理專業研究生教育排行榜前8名（3星以上）。

表5-4　　　　　　　人力資源管理研究生專業排名

排名	學校名稱	星級	開此專業學校數
1	中國人民大學	★★★★★	16
2	西南財經大學	★★★★	16
3	武漢大學	★★★★	16
4	南京大學	★★★	16
5	南開大學	★★★	16
6	東北財經大學	★★★	16
7	重慶工商大學	★★★	16
8	中央財經大學	★★★	16

註：★數越多，表示專業評價越高。

（資料來源：中國科教評價網——http://www.nseac.com/html/236/677585.html）

學習資料 5-3

美國人力資源管理專業教育現狀[①]

美國的大學人力資源管理教學始於20世紀初，其教科書和課程最早被稱

---

① 布魯斯E考夫曼，曹立華，肖鳴政. 美國人力資源專業教育的發展歷史及其現狀［J］. 公共行政與人力資源，2000（5）.

為人事管理，因為當時在企業經營實踐中出現了人事管理/勞工關係這一新的功能領域。100多年過去了，無論是人力資源管理實踐，還是大學的人力資源管理教學都得到了很大的發展。

人力資源管理教育的重心從獨立的產業關係系轉向商學院。大多數大學的產業關係系，如康奈爾大學、伊利諾斯大學、威斯康星大學和明尼蘇達大學，仍然是 HR 課程的主力，但越來越多的學生開始在商學院學習 HR 課程，原因在於後者更強調商業課程和以職業為導向。

幾乎每一所綜合性大學或一般大學都開設了人事和人力資源管理課程，只是形式不同，如在本科、專科、商業或管理碩士等處開始。許多 MBA 都有人力資源管理專業，通常有 3~4 門的人力資源管理專業課。有 80 所大學，可以授予 HR 方向的本科或碩士學位，大約三分之一的大學是在產業關係系，另外三分之二是在商學院。其中商學院特別要求學生有六門或更多的 HR 課程，其餘則是大量的商業基礎課。在博士層次上，授予獨立的人力資源管理專業學位的課程則相對較少，更多的要麼在商業管理或產業關係博士或者在產業組織心理學或人力資源開發等學位課程中有人力資源管理方向。

人力資源管理教育轉向商學院和管理系改變了課程設置的混亂局面和學生們的思維方式。將人力資源管理看作「應用組織行為學」的趨勢已經引起注意。另外，勞動經濟學、工業社會學和勞動歷史學等越來越讓位於商業有關的課程，如財會、金融、行銷等。從這個角度看，當代人力資源管理教育反應了企業中的趨勢，即將人力資源管理實踐同其他管理功能同等對待。

第二節　人力資源管理專業本科人才培養方案

人才培養方案是根據專業培養目標和培養規格所制訂的實施人才培養活動的具體方案，是對專業人才培養的邏輯起點、培養目標與規格、內容與方法、條件與保障等培養過程和方式的描述和設計。其主要包括培養目標、課程設置、教學方法等。

一、培養目標

培養目標是指教育目的在各級各類學校教育機構的具體化。它是由特定社會領域和特定社會層次的需要所決定的，也隨著受教育對象所處的學校類型、

級別而變化。為了滿足各行各業、各個社會層次的人才需求和不同年齡層次受教育者的學習需求，各級各類學校相繼建立培養目標。各級各類學校要完成各自的任務，培養社會需要的合格人才，就要制定各自的培養目標。

(一) 國內高校人力資源管理專業培養目標概況

1. 總體特徵

教育部於1998年頒布的《普通高等學校本科專業目錄和專業介紹》對人力資源管理本科專業的培養目標表述為：本專業培養具有管理、經濟、法律及人力資源管理等方面的知識和能力，能在企事業單位、政府部門從事人力資源管理，以及在高等學校和科研院所從事管理學科教學、科研工作的高級專門人才。對於人力資源管理本科專業的培養要求做了如下闡述：本專業學生主要學習管理學、經濟學及人力資源管理方面的基本理論和基本知識，接受人力資源管理方法與技能的基本訓練，具有分析和解決人力資源管理問題的基本能力。畢業生應獲得以下幾方面的知識和能力：①掌握管理學、經濟學及人力資源管理的基本理論和基本知識；②掌握人力資源管理的定性、定量分析方法；③具有較強的語言文字表達、人際溝通、組織協調以及領導的基本能力；④熟悉與人力資源管理有關的方針、政策和法規；⑤瞭解本學科理論前沿與發展動態；⑥掌握文獻檢索、資料查詢的基本方法，具有一定的科學研究能力和實際工作能力。

教育部對人力資源管理本科專業培養目標和培養要求的指導性意見，為中國絕大部分人力資源管理本科院校所沿用，體現在各院校人力資源管理本科專業的培養方案中。然而，其結果一方面導致了中國人力資源管理本科專業院校之間培養目標定位趨同的問題；另一方面，由於教育部對培養要求的指導性意見，在院校層面沒有得到更加細緻的闡述，因此，培養要求內容寬泛的問題也一直普遍存在。[1]

2. 差異化還是寬口徑爭論

對於人力資源管理本科專業的培養目標定位，有兩種觀點：一是各院校應結合自身的實際情況對人力資源管理本科專業的培養目標進行差異化定位；二是培養複合型人才。

最早提出差異化主張的是傅志明（2001）。他認為，各學校人力資源管理專業畢業生的就業去向有很大差異，這種差異隨著各地勞動力市場的一體化在

---

[1] 王豔豔. 人力資源管理本科專業培養目標研究 [J]. 高等財經教育研究，2013 (4)：25-30.

今後會發生一定的變化，但絕對不會消除，而會隨著各高校競爭的加劇，愈來愈體現出層次性特徵。① 因此，弓秀雲、李廣義（2008）建議，人力資源管理本科院校應結合人才培養層次及學校類型，對專業培養目標進行差異化定位。人力資源管理專業本科教育目標應是，為中國企業培養具有勝任力的一般人力資源管理人員；人力資源管理專業碩士培養目標應是，為中國企業培養人力資源經理人員（包括基層、中層、高層人力資源管理人員）以及人力資源諮詢人員；人力資源管理專業的博士培養目標應是，為中國高等院校培養勝任的人力資源管理專業教師，以及為企業培養勝任的中高層人力資源管理人員與人力資源諮詢人員。另外，綜合性大學應突出「博」，以培養碩士以上的人力資源管理專業學生為主；地方性院校應突出「專」，以培養操作性技能強的學生為主。②

　　與實行差異化定位的呼籲不同，迄今為止，中國人力資源管理本科院校培養目標差異化程度仍十分有限。在實踐中，很多人力資源管理本科院校繼續保留了原有的寬口徑定位，但提出了培養複合型人才的倡導性觀念。如果說在培養複合型人才觀念出現以前，人力資源管理本科專業培養目標像是沒有針對性的「遍地開花」或者「一把抓」，那麼，培養複合型人才觀念的提出則賦予了寬口徑定位以合理性。具體來說，在差異化定位策略下，理想中的畢業生是專門型人才，他們的核心競爭力在於其與特定社會需求的高度匹配性。但在寬口徑定位策略下，理想中的畢業生是複合型人才，他們的優勢在於其強大的社會適應能力。憑藉他們所獲得的廣闊視野和核心能力，複合型人才能在空間上迅速適應不同社會領域或部門對本科人力資源管理相關人才的具體需求，在時間上能通過自身的高成長性來適應社會對不同層次人力資源管理相關人才的需求。顯然，在就業去向日益多樣化、未來職業發展面臨諸多不確定的情況下，這種適應能力將為學生帶來更多的優勢。從高等教育的功能和目的的角度來看，寬口徑定位比差異化定位看上去似乎更為合理。高等教育畢竟不是職業培訓。儘管人力資源管理本科畢業生就業去向以及不同本科院校的基礎條件有所不同，但對所有的本科院校來說，以追求人的和諧發展、發展人的潛能為目標，盡其所能地為學生的成長和發展打下良好基礎的宗旨應該是相同的。

---

① 傅志明. 中國人力資源管理專業發展現狀與對策 [J]. 煤炭高等教育, 2001 (2): 10-12.
② 弓秀雲, 李廣義. 人力資源管理專業本科教育發展現狀與對策研究 [J]. 科技和產業, 2008 (12): 70-73.

(二) 部分高校人力資源管理專業培養目標

1. 中國人民大學

人力資源管理專業本科的任務是適應當前中國社會主義現代化建設的需要，為各類大中型企業培養具有開拓精神的人力資源管理職業經理人，為政府部門、事業單位培養具有實用人力資源管理知識和技能的專門人才。

2. 吉林大學

人力資源管理專業培養目標是培養具有堅實的經濟學和管理學基礎，突出人力資源管理戰略規劃與實務操作基本能力，能形成組織行為學、人力資源管理、勞動關係管理、勞動經濟學領域的創新研究基本素質，勝任大中型企業、事業單位及政府機關人力資源管理全流程、各崗位實際工作的專門人才。

3. 四川大學

本專業培養具備管理、經濟、法律及人力資源管理方面基本理論素養、專業基礎知識和較高綜合素質的複合型高級專門人才。畢業生能在企、事業單位及政府部門從事人力資源管理以及教學、科研方面的工作。

4. 蘭州大學

本專業培養國際化、現代化、戰略性的人力資源管理專業人才，課程強調創新性和競爭性設計，要求學生具備現代企業管理的紮實理論基礎，掌握系統的人力資源管理理論，具備人力資源管理的實際操作技能。學生畢業後可在各類工商企業、政府相關部門、培訓機構從事人力資源開發與管理工作。

5. 東北師範大學

本專業培養富有社會責任感，具有良好的道德品質，身心健康，掌握人力資源管理專業知識和技能，兼顧與人力資源管理相關的管理學、經濟學等方面的知識和實踐能力，能夠在企事業單位及政府部門從事人力資源管理的高素質應用型專業人才。

6. 桂林電子科技大學

本專業培養心理健康，自我管理能力較強，職業意識與職業素質良好，具備基本自然科學與人文學科知識素養，系統掌握人力資源管理專業知識，實踐與實際操作能力較強，具有團隊合作意識和創新創業精神，勝任企業、政府和事業單位人力資源管理實務工作的專業人才。滿足廣西以及周邊區域特別是珠三角地區各類組織尤其是企業組織對人力資源管理專才的需求。

7. 廣西師範大學

本專業以培養高素質、厚基礎、寬口徑的人才為目標，培養思想政治素質

好，專業基礎紮實，實踐能力強，具有創新精神和創新能力，在企業、事業單位及政府部門進行人力資源管理以及從事相關學科教學、科研方面工作的複合型人才。

8. 深圳大學

本專業培養德、智、體、美全面發展，具有現代人文素質和科學素養，富有創新精神和實踐能力，在具備管理、經濟、法律等方面的知識和能力，熟練運用計算機技術和一門外國語的基礎上，系統掌握現代人力資源管理理論和方法，熟悉人事、勞動管理和社會保障法律法規，勝任企業和公共部門人力資源管理工作崗位或能夠從事人力資源管理教學、研究工作的事業骨幹。

9. 廣東金融學院

本專業培養適應高等教育大眾化的總體趨勢和基本要求，適應社會主義市場需要，滿足華南地區特別是廣東地區經濟社會發展的需要，掌握現代人力資源管理方面的基本理論、基本知識和基本技能，能在各級政府機關、事業單位、研究機構、各類型企業和金融機構從事人力資源管理的德、智、體、美全面發展的、具有一定的職業素養和創新精神的應用型專門人才。

10. 廣西財經學院

本專業培養德、智、體全面發展，具有良好人力資源管理專業素養，具備較高的外語、計算機應用能力，掌握開展人力資源規劃、工作分析、招聘、培訓、績效管理、薪酬管理和勞動關係管理等活動技能，能夠綜合分析、系統解決人力資源管理問題能力的應用型人才。

從中國人力資源管理本科專業院校培養目標的表述來看，定位有趨同化趨勢。這種趨同化也許不單純是因為盲目跟風和模仿，也有可能是因為有意識地做出了同一種理性選擇。培養厚基礎、寬口徑的複合型人才乃是人力資源管理本科教育的大勢所趨，不會因為人力資源管理本科院校的不同而有所改變。

二、課程設置

課程設置主要包括合理的課程結構和課程內容。合理的課程結構指各門課程之間的結構合理，包括開設的課程合理，課程開設的先後順序合理，各課程之間銜接有序，能使學生通過課程的學習與訓練獲得某一專業所具備的知識與能力。合理的課程內容指課程的內容安排符合知識論的規律，課程的內容能夠反應學科的主要知識、主要的方法論及時代發展的要求與前沿。

(一) 人力資源管理專業課程體系設置概況

1. 王豔豔和趙曙明的調查

王豔豔和趙曙明對國內19所人力資源管理本科院校進行了調查，對各院校專業主幹課程設置狀況進行了探討。調查結果顯示，各高校在專業主幹課程設置上一致性不高，但是普遍存在重視學科基礎課程的特點。[1]

(1) 課程設置總體狀況

調查顯示，19所院校人力資源管理（HRM）專業主幹課程共有69門。被調查的19所高校所設置的專業主幹課程數量約為18門。這從一個方面反應了各高校在專業主幹課程設置上較為分散。按照設置頻率由高到低，這些課程分別為管理學原理、HRM概論、薪酬管理、組織行為學、勞動經濟學、培訓與開發、微觀經濟學、財務管理、統計學、績效管理/評價、宏觀經濟學、戰略管理、會計學、市場行銷、人員測評、管理信息系統、社會保障學、經濟法學、勞動/人事法規等。

(2) 課程設置結構

按照不同課程的內容，這些課程大致可劃分為專業基礎課程、專業方向課程和能力拓展課程三個大類，其中各大類課程可做進一步細分。

A. 專業基礎課程設置狀況

調查顯示，各被調查高校的課程設置在總體上對應了教育部對人力資源管理專業的指導性意見，但是在學科基礎課程的設置上更加寬廣。

在經濟學類課程設置上，開設頻率最高的四門課程依次為勞動經濟學、微觀經濟學、宏觀經濟學和經濟學原理。另有少數高校也開設了管理經濟學、產業經濟學、計量經濟學等方面的課程。

在管理學類課程設置上，管理學原理和組織行為學是開設頻率最高的兩門管理類課程，以下依次為戰略管理、會計學、財務管理、市場行銷、管理信息系統和社會保障學等6門。此外，組織理論及應用、管理運籌學、企業管理概論、國際企業管理以及生產營運管理也有部分高校開設。

在其他學科門類課程開設上，統計學、經濟法學是開設頻率最高的兩門課程。隨著近年來企業的社會責任問題引起了越來越多的關注，管理倫理學也成為多所高校的專業主幹課程之一。

---

[1] 王豔豔，趙曙明. 中國人力資源管理本科專業課程體系設置研究 [J]. 人力資源管理，2010 (8): 37-39.

B. 專業方向課程設置狀況

從調查情況來看，各院校在專業方向課程設置上共涉及 23 門。人力資源管理概論和薪酬管理是開設頻率最高的課程，其次為績效評價/管理、員工培訓與開發、人員測評、勞動/人事法規、工作分析與崗位設計。除了根據職能模塊設置的專業方向課程之外，國際人力資源管理、職業生涯管理、人力資源戰略與規劃等綜合性較強的課程也出現在一些高校的專業核心課程之中。

C. 能力拓展類課程設置狀況

高校在專業主幹課程設置中的能力和技能導向課程主要可以歸為兩類，即業務能力拓展類和研究能力拓展類。前者以管理溝通、領導科學、公共關係學和人才學等新興的綜合性應用學科為基礎；後者則以管理研究方法為基礎。就單門課程而言，領導科學、管理研究方法和管理溝通是開設頻率相對較高的課程。

2. 張徽燕和賴嘉燕的調查

張徽燕和賴嘉燕對比了內地 21 所高校和香港地區 3 所高校的人力資源管理專業的課程設置。①

在學科基礎課程設置上，內地高校開設的課程以經濟、管理類為主，而對戰略管理、法學的重視程度較低。內地高校還積極開設了運籌學、金融學、管理信息系統、運作管理、稅收等方面的課程，以拓寬本專業學生的知識覆蓋面。內地高校開設頻次前 8 位的學科基礎課程包括管理學、組織行為學、經濟學、會計學、市場行銷、統計學、人力資源管理、財務管理；香港地區高校開設頻次前 8 位的學科基礎課程包括經濟學、會計學、法學、組織行為學、財務管理、戰略管理、人力資源管理、管理學。

在專業課程設置上，內地高校專業必修課程更強調人力資源管理的基本職能，人力資源規劃、人力資源開發等與組織戰略密切相關的內容少有體現；而香港地區高校除了注重人力資源管理基礎職能外，還強調培養學生的戰略性思維、創新能力以及溝通技巧。內地高校開設專業課程頻次列前 5 位的依次是績效管理、薪酬管理、工作分析與工作設計、人員招募與甄選、勞動經濟學。

---

① 張徽燕，賴嘉燕. 人力資源管理專業課程設置與實踐能力的培養研究 [J]. 四川省高等教育學術年會，2007.

(二) 部分高校人力資源管理專業課程設置

1. 中國人民大學

學科基礎課：西方經濟學、統計學、心理學概論、企業管理、人力資源管理、社會保障學、社會調查方法、財務管理。

專業必修課：工作分析、人力資源信息化管理、薪酬管理、招聘與人員配置、培訓與開發、績效考核與績效管理、組織行為學、勞動經濟學。

專業選修課：社會學概論、發展與就業、市場行銷、戰略管理、管理學研究方法、員工關係管理、社會保險、人事管理經濟學、會計學、保險學、人員素質測評、勞動法與社會保障法、組織理論與組織分析、專業外語、勞動政策分析、企業文化與跨文化管理、管理技能開發、員工福利管理、就業指導與職業生涯設計。

除了以上課程外，學校還安排了科學研究課程和實踐教學課程。科學研究課程包括原典讀書筆記、學年論文、畢業論文；實踐教學課程包括社會調查與研究、社會實踐與社會服務、專業實習。

2. 蘭州大學

學科基礎課程：微觀經濟學、宏觀經濟學、管理學原理、會計學原理、組織行為學、政治學、公共管理學、運籌學、管理研究方法論、管理實證研究方法。

專業必修課程：戰略管理、財務管理、營運管理、市場行銷、人力資源管理、社會心理學、勞動經濟學、人力資源戰略與規劃、工作分析與職務設計、績效管理、薪酬管理、員工關係管理。

專業選修課程：博弈論、項目管理、經濟法、心理學理論與前沿應用、管理溝通、企業倫理與社會責任、勞動法與社會保障法、物流與供應鏈管理、組織理論與組織結構設計、公司治理。

除了以上課程外，學校還安排了科研創新課程、實驗課程、實習實踐課程、創新創業課程。科研創新課程包括邏輯分析與思維訓練、大數據與管理、成功計劃；實驗課程包括人力資源管理沙盤模擬、管理案例開發與訓練、公共關係實務、員工培訓與開發實務、人員素質測評與招募；實習實踐課程包括專業實習；創新創業課程包括創新創業管理。

3. 東北師範大學

學科基礎課程：微觀經濟學、宏觀經濟學、會計學原理、管理學、組織行為學、金融學、行銷管理、人力資源管理、應用統計學、經濟法概論。

专业主幹課程：工作分析、招聘管理、人力資源測評、績效管理、薪酬管理、員工培訓與開發、職業生涯管理、社會心理學、管理溝通、勞動經濟學、勞動法與勞動合同法。

專業選修課程包括理論課程、方法課程和實踐課程。理論課程包括企業戰略管理、社會學、企業文化、管理信息系統、財務管理、網路行銷、社會保障、人力資源管理前沿、政治經濟學、公司法、民法學、稅法；方法課程包括概率論與數理統計、線性代數、運籌學、計算機編程、數據庫原理、計量經濟學、管理研究方法；實踐課程包括專業見習、企業模擬營運與決策分析、商務談判、創業管理、客戶關係管理、項目管理、創業計劃。

4. 深圳大學

專業核心課程：管理學原理、公共管理學、微觀經濟學、宏觀經濟學、統計學原理、管理信息系統、組織行為學、人力資源經濟學、會計學原理、激勵理論與方法、工作分析與職務設計、人員招聘與選拔、社會科學方法論、財務管理、人事測評理論與方法、績效考核與製度設計、薪酬福利設計、人力資源培訓與開發、人力資源管理法律法規、職業管理、員工關係管理。

專業選修課程：概率論、管理文書寫作、統計分析與 SPSS 應用、管理溝通、市場行銷、人力資源管理導論、企業經營管理、社會保障學、人力資源管理專業英語、戰略管理、公共部門人力資源管理、企業文化、跨國人力資源管理、人力資源管理前沿研討、工效學、企業倫理學、ERP 理論與實踐、談判技巧、經濟法、領導力開發、理論與訓練、人力資源戰略與規劃、勞動與就業政策、畢業論文寫作指導、人力資源管理信息系統、社會學。

5. 廣西財經學院

專業基礎課程：管理學、西方經濟學、會計學、金融學、管理經濟學、管理運籌學、經濟法、統計學。

專業主幹課程：勞動經濟學、人力資源管理概論、組織行為學、工作分析與工作設計、人力資源規劃、績效管理、薪酬福利管理、員工培訓與開發、人力資源測評、人力資源管理法規、企業戰略管理。

專業選修課程：心理學基礎、員工關係、財經英語、企業資源計劃（ERP）原理、管理研究方法、社會保障學、企業公關關係、市場行銷學、秘書學、管理信息系統、生產運作與原理、社會學、管理溝通、財務管理、商務談判、客戶關係管理。

實踐課程包括課程實踐和集中性實踐。課程實踐包括計算機應用基礎、經

濟應用寫作、辦公自動化（OA）系統、溝通技巧實訓、市場行銷模擬實驗、工作分析實訓、績效考核設計實訓、人力資源測評系統、薪酬設計實訓、ERP人力資源管理系統、ERP財務管理系統、招聘實訓、ERP沙盤模擬對抗、創業設計；集中性實踐包括社會調查、畢業實習、畢業論文。

從以上高校人力資源管理專業課程設置來看，不管是課程內容還是課程結構都存在著一定的差異。這可能跟不同學校對培養目標的不同解讀有關。雖然國內高校人力資源管理本科專業培養目標有趨同化趨勢，但表述都比較籠統。這就留下了太多的解讀空間。因為在實踐中，一般總是比較明確和具體的要求會得到落實，而沒有確定明確指向的要求或者會被忽視，或者會被按照執行者對要求的主觀理解來落實。這也是各本科院校在培養目標和培養要求上表述一致，但在課程設置上卻存在差異的原因之一。

學習資料 5-4

美國大學人力資源管理專業課程內容[①]

在康奈爾大學的產業與勞動關係學院中，與人力資源管理學科最為密切的是人力資源管理系與組織行為學系。該學院認為，人力資源管理是對作為資源的人的能力、體力和智力的管理。該系以多元化的影響力作為培養學生將來在管理中的勝任力的內容之一。其本科課程注重把兩系的課程放在一起，形成一個相當完整的人力資源管理專業課程系統，加強學生對相關交叉學科的深入理解。本科課程除了涵蓋人力資源管理基礎的課程以及專業方面有關領導力、衝突管理的課程外，還加入了大量的實習與專題研究，比如直接研究、爭端解決見習、個體與組織開發應用以及新經濟背景下的工作研究與課程討論。從兩系共29門專業課程的主題結構分布上分析，社會統計類課程占課程數的46%，組織行為類課程占28%，人力資源管理類課程占14%，集體談判類課程占12%。這樣的課程結構分布情況，從一個側面說明康奈爾大學對本科生社會統計技能培養的重視，視其為發展其他人力資源管理能力的基礎。除此之外，康奈爾大學較多引入多個基礎學科的知識，包括歷史、哲學、倫理學等，可幫助解釋一些在管理實踐中依靠實證研究無法充分解釋的問題。

明尼蘇達大學卡森商學院的人力資源與產業關係系的本科課程設置最為偏

[①] 資料來源：範冠華. 美國大學人力資源管理專業教育的實踐及其啟示——基於學生勝任力開發的視角［J］. 比較教育研究，2012（9）：59-64.

重組織內人力資源管理職能的系統訓練，並重視數據分析、組織行為學理論、工作場所分析的教學與實踐。對該系本科課程的特點進行分類，可用3個關鍵的維度進行歸納：招聘、培訓與開發維度；薪酬與福利維度；勞動關係維度。本科主幹課程基本上都是培養學生對以上3個維度的技能的掌握。該系2011—2012學年開設供本科生選擇的課程共有32門，其中招聘培訓與開發類課程為12門，勞動關係類課程為8門，薪酬福利類課程為7門，說明該系對學生職場基本技能訓練課程的重視與投入程度較高。此外，在明尼蘇達大學卡森商學院的人力資源與產業關係系的課程中，部分課程較多使用哈佛大學開發的案例進行課堂討論。這從一個側面說明該系對培養學生對綜合性管理問題的分析和批判能力的重視。

三、教學方法

教學方法是指為了達到教學目的，在一定的教學理念和教學原則指導下的學習方法，是教師教的方法，又是學生在教師指導下的學習方法，是教師教的方法和學生學的方法在教學活動中的高度融合和有機統一。

（一）人力資源管理專業教學方法簡介

1. 階段式案例教學模式

階段式案例教學在教學過程中的具體操作可分兩個階段進行。在第一階段，指導教師首先對相關的理論知識進行鋪墊，選取企業在人力資源管理過程中出現的典型問題，引導學生自主思考，進行一系列積極的創造性思維活動。這一階段重在令學生身臨其境地處理問題、提出方案，對知識的廣度和深度有新的開拓，加深對理論知識的理解。第二階段，指導教師組織學生討論，對個體的分析意見做出相關的理論闡述。由於解決方案可能是多種的，學生需要借助個體與其他個體或群體的交往與互動對之做出解釋、辯護或有待進一步驗證等。這樣的互動溝通為學生在案例分析中提供充分表現自己的平臺，使學生既提高了語言表達能力，又鍛煉了膽量和快速反應的能力。在課程結束前由教師公布匯總各個觀點，並做出有針對性的點評。階段式案例教學既能夠訓練學生的思辨能力、分析和解決問題的能力，又可以在討論互動中訓練和提升學生有效表達和積極傾聽等人際溝通能力。

2. 情景模擬與網路平臺相結合的實驗教學

情景模擬教學針對學生就業所需的能力和素質，通過對事件或事物發生與

發展的環境、過程的模擬或虛擬再現，讓參與者感同身受，理解教學內容。在人力資源管理教學過程中，教師可以充分利用計算機和通信設備及校園網路設施，通過設立模擬實驗室，將情景模擬與網路軟件相結合，使人力資源管理專業的學生在具備一定的基本理論後，可以像理工科學生一樣在實驗室親身體會，完成對抽象理論知識的理解。其模擬的情景不再受硬件條件限制，可以設計更為接近實際的問題情景和較為複雜的複合問題情景，布置給學生的任務可接近實際工作內容。將情景模擬與網路相結合，讓學生利用所學的管理方法和工具在仿真或近似實戰的環境中操作，能增強實務感性認識，有效提升分析和解決問題的能力、綜合設計能力以及實踐動手能力。

3. 體驗式教學方法

人力資源管理體驗式教學是體驗式教學方法論的實現過程，其通過建構學習主體可實際感知的環境和過程引導學習主體在實際體驗中獲得知識，其教學的效果與體驗的形式直接相關。人力資源管理體驗式教學方式可分為三種。一種為非介入性體驗，即並不介入實際認知客體，而是通過各種間接的方法模擬實際生活，通過構象的形式建構認知的方式。這類教學方式所包含的具體教學方法較多，大多數研究者探討的人力資源管理教學方法屬於此類。其總括起來有案例教學法、互動教學法和角色扮演教學法等。其二為半介入性體驗。從字面意思來看，其主要是說明學習主體對認知客體有部分的介入，但是並非完全介入的體驗方式。其包含的具體教學方法有課堂情景模擬教學法和實驗室情景模擬教學法兩種。其三為介入性體驗，指認知主體實際面對認知客體，通過主客體互動而獲得知識的方式，主要包括實踐教學法，即完全進入某一組織的人力資源管理部門實際從事管理活動。

我們按照體驗的程度對人力資源管理體驗式教學方式進行了三種不同類型的界定。每一種教學方式又包含著專門的教學方法。它們在教學應用中所承擔的教學任務和所要達到的教學目標各不相同，有著各自特殊的意義和功能。

（二）部分高校人力資源管理專業教學方法

1. 南京大學的意義建構教學

（1）其靈活運用多媒體教學法、形象教學法、案例教學法、互動式教學法、體驗式教學法、現場教學法等多種教學方法，來達到以學生為中心的目的。教師起組織者、指導者、幫助者和促進者的作用。其利用情境、協作、會話等學習環境要素，充分發揮學生的主動性、積極性和首創精神，最終使學生有效地實現對所學知識的意義建構。

（2）其按照學生的感知性、運動性、思維性、記憶性、社會性和情感性的學習過程，循序漸進地誘導、啓發和鼓勵學生主動思考，積極參與討論並發表見解和檢驗見解。其在教學過程中注意激發學生的學習興趣，並採用案例分析、小組討論、研究論文等多種教學手段來使學生提高主動參與的意識，增強學生的分析判斷能力和留給學生思考與討論的空間。其更多注意對學生進行學習方法的指導而不是灌輸知識，從而使學生能舉一反三、觸類旁通。

（3）其在教學過程中重視因材施教，努力實現教學方法的個體化。其選用英文原版或譯版教材，鼓勵學生涉獵國外最新理論成果；並在對學生英語水平進行評估分析的基礎上，順應中國加入世界貿易組織（WTO）的大潮，對那些英語水平較高的學生採用英語原聲教學，努力將學生塑造成符合國際化要求的複合型人才。

（4）傳統教學方法呈現在學生面前的是語言、實物、圖片，使學生對事物感知的深度和廣度受到了限制。現代化的教學手段，可以打破傳統教學方法的時空限制，把無法感知的世界在課堂上活生生地展現在學生面前。其通過幻燈、影視、模擬軟件等現代化的教學手段，使學生更深刻地瞭解教學內容和模擬實踐，從而真正達到學以致用、在實踐中掌握和鞏固知識的教學目的，以及實現培養熟練掌握英語、計算機技能的國際化複合型人才的最終目的。

2. 南開大學 MBA 的人力資源管理教學

（1）課堂情景模擬教學。其突出人力資源管理專業教學的特點，在融合專題討論、情景模擬、角色扮演、案例教學法、多媒體授課法等現代教學法，發揮 MBA 學員學習生涯與職業生涯交互影響的特有條件下，提煉出理論知識學習與職場情景及人際體驗相結合的課堂教學模式，將教學互動過程錄製成視頻反饋給學員，累積 MBA 課堂模擬教學視頻資料，通過情景模擬式教學提升教學效果。

（2）專題討論。在 MBA 課堂上安排學生對此進行一次分組發言的專題討論——如何理解績效評價信息選擇的深層含義？針對 360 度反饋評價法中提到的被評價者的直接上級、更高上級、同事、下屬、客戶、外部專家，以及被評價者自身，組織 MBA 學員分角色進行績效評價信息來源的課堂討論。

（3）探索「研究型」教學與職業發展論壇的結合。其以教學團隊教師承擔的國家級、省部級及企業橫向課題為依託，結合 MBA 學員需求特點，在課堂上融入理論研究、實際案例和調研報告的剖析，培養學員的科研能力和實踐能力的融合素質。其構建了人力資源管理職業人參與的高端論壇，截至 2014

年 6 月，已經舉辦四屆「天津 HR 管理精英‧南開論壇」，引導 MBA 學員的人力資源管理職業意識，使他們能結合自身工作樹立現代的人力資源管理觀。

3. 廣東外語外貿大學的社會實踐教學

廣東外語外貿大學非常重視並進行了基於實習基地的校企合作課程「人力資源管理」的建設和方法改革。其不僅將實踐教學納入教學計劃，而且在實踐操作方法上進行了強化。

首先，每個實習基地由專人負責。其重視與基地的互動和誠信互利關係的培育，取得了較好的效果，因此為數據收集和教學案例撰寫、企業參與討論等奠定了良好的基礎。其已完成森大國際廣州大學城校園招聘、森大國際語言類培訓項目設計與實施等兩個教學案例。其採用的方式是邀請實習基地森大國際校園招聘、培訓項目主管到課堂與同學們分享案例，同學們提問，老師點評；實習基地提供案例相關的素材，老師做訪談和調研，撰寫案例。課堂上同學們反應良好。

其次，學生可參觀實習基地，跟進案例全過程，自主學習；與當事人交流，可以獲得當事人的真實想法。因此，基於實習基地的案例教學通常優於傳統的案例教學。

此外，人力資源管理還被納入廣東外語外貿大學管理學院的校企協同實踐教學課程的計劃。其以一次「開放課堂」加一次「移動課堂」的「1+1」模式為基本要求。「開放課堂」和「移動課堂」的內容均為與該門專業課程相關的知識點與教學內容。「開放課堂」由企業人士講授；「移動課堂」在企業管理現場進行教學。

4. 嶺南學院的「教學做」一體化教學

教學團隊採用任務驅動教學法、案例教學法、模擬教學法、啓發式教學等行為導向教學法，將學生置於人力資源管理理論思考和實踐的工作環境之中。為學生提供思考分析問題、解決問題的空間，激發學生的學習興趣，提高學生人力資源管理方面分析問題和解決問題的能力，提高學生管理與溝通能力、與人交往的能力、解決問題的應變能力，進一步提高學生的綜合素質，增強其適應職業變化的能力。

（1）項目教學法

崗位分析、招聘與錄用、培訓與開發、績效管理等教學情景運用了項目教學法，即以學生為主體、以教師為主導，共同實施一個完整的工作項目。學生在完成項目的過程中進行知識、技能和經驗的構建。

(2) 案例教學法

教學過程中案例主要有三種用途：一是作為導入素材，引導學生進行新項目的學習；二是作為理解理論知識的實踐性素材，引導學生瞭解理論知識在實踐中的體現和運用；三是作為任務材料，使學生以工作團隊為單位，對企業案例進行資料檢索和問題分析，圍繞專題案例進行討論，對案例問題提出解決方案，從而加深對基本理論的理解和認識，緊密聯繫實際，學會分析案例，解決實際問題，鍛煉分析解決問題的能力、團隊協作能力和口頭表達能力。

(3) 模擬教學法

其根據教學內容模擬或虛擬再現一種模擬化的情景氛圍，使學生在所設情景中進行角色模擬，從而去發現問題，解決問題，理解教學內容，進而在短時間內提高能力。情景模擬型任務有利於培養學生多方面的能力，尤其是整體策劃、過程組織、應變及處理細節的能力。其在開展模擬招聘會、培訓實施等工作任務時採用了模擬教學法。

(4) 角色扮演法

角色扮演法是一種在教學中由教師根據學生的專業特點，讓學生通過對各種角色的扮演和比較分析達到學習的目的，借此培養專業能力、社會能力和交際能力的方法。角色扮演法使學生在角色扮演中促成學習過程中學習知識向能力的轉化。例如，教師安排學生兩兩一組，輪流扮演招聘考官和應聘者，以此運用並體會招聘和應聘的技能。

(5) 競賽教學法

其競賽可以激發學生的好勝心和團隊榮譽感。其在「編制組織結構圖」與開展「勞動合同法知識競賽」時運用了競賽教學法。

學習資料 5-5

翻轉課堂教學法

近幾年，翻轉課堂教學法在國內外很受熱捧，從基礎教育到高等教育，湧現出不少成功案例。翻轉課堂教學法是指重新調整課堂內外的時間，將學習的決定權從教師轉移到學生。

在這種教學模式下，在課堂內的寶貴時間，學生能夠更專注於主動的學習，共同研究解決現實世界面臨的問題，從而獲得更深層次的理解。教師不再占用課堂的時間來講授信息。這些信息需要學生在課後完成自主學習。他們可

以看視頻講座、聽播客、閱讀功能增強的電子書，還能在網路上與別的同學討論，能在任何時候去查閱需要的材料。教師也能有更多的時間與每個人交流。在課後，學生自主規劃學習內容、學習節奏、風格和呈現知識的方式，教師則採用講授法和協作法來滿足學生的需要和促成他們的個性化學習。其目的是讓學生通過實踐獲得更真實的學習。

翻轉課堂模式與混合式學習、探究性學習、其他教學方法和工具在含義上有所重疊，都是為了讓學習更加靈活、主動，讓學生的參與度更強。互聯網時代，學生通過互聯網學習豐富的在線課程，不必一定要到學校接受教師講授。互聯網尤其是移動互聯網催生了翻轉課堂式教學模式。翻轉課堂式是對基於印刷術的傳統課堂教學結構與教學流程的徹底顛覆，由此引發了教師角色、課程模式、管理模式等一系列變革。

第三節　高等院校人力資源管理專業本科在校生與企業人力資源管理人員在人才培養理解上的差異

本節以相關理論和實踐為基礎，選取廣西財經學院人力資源管理專業2012級與2013級在校生、企業人力資源管理人員和人力資源專家為調查對象，對人力資源管理專業培養方法、課程設置、培養環境、培養現狀、教師教學等方面進行訪談和問卷調查，總結出他們對人力資源管理專業人員培養上的理解，並比較他們之間理解上的差異。

一、高等院校人力資源管理專業本科在校生對人才培養的理解

（一）調查結果

1. 人力資源管理專業本科在校生對培養方法的理解

被調查的199名人力資源管理專業本科在校生對培養方法的理解如表5-5所示。在設置的多選題的五個選項中，社會實踐活動是被選擇得最多的一項，其次是企業頂崗實習，兩項的選擇人數僅有一人之差。課外素質拓展活動和項目研究也是被較多人認同的兩種培養方法，翻轉課堂被選擇的次數最少，而案例分析討論被選擇的次數僅次於翻轉課堂。

表 5-5　　　　　人力資源管理本科在校生對培養方法的看法

序號	項目	選擇頻數（人）	選擇百分比（%）
1	項目研究	99	16.5
2	社會實踐活動	156	26.0
3	企業頂崗實習	155	25.8
4	案例分析討論	80	13.3
5	課外素質拓展活動	101	16.8
6	翻轉課堂學習	10	1.70

2. 人力資源管理專業本科在校生對課程設置的理解

按照廣西財經學院人力資源管理專業培養方案中所設置課程的分類，我們對部分課程設置的重要性進行了調查，並對調查結果進行了描述性統計，結果如表 5-6 所示。

表 5-6　　　　　部分課程設置重要性一般性描述統計值

類別	課程	均值	標準差
專業任選課	管理溝通	4.21	0.629
	社會保障學	3.45	0.748
專業限選課	創業基礎	2.67	0.929
	生產運作與管理	3.06	0.829
	管理倫理與企業文化	3.82	0.683
	管理研究方法	3.89	0.803
專業實驗課	績效考核設計實訓	4.60	0.596
	薪酬設計實訓	4.58	0.609
	ERP 人力資源管理系統	4.15	0.815
	工作分析實訓	4.48	0.709
	市場行銷綜合實訓	3.27	0.952
	辦公自動化（OA）實訓	4.19	0.796
專業基礎課	會計學	3.27	0.863
	金融學	3.25	0.859
	西方經濟學	3.39	0.900

由表 5-6 可知，在本研究所調查的樣本當中，被試一般認為績效考核設計實訓最為重要，其平均值為 4.60，其次是薪酬設計實訓、工作分析實訓、辦公

自動化（OA）實訓、ERP人力資源管理系統。作為未來的人力資源管理人員，人力資源管理本科在校生需要掌握本專業各模塊的技能，因此，專業實驗課程普遍被認為是重要程度最高的。創業基礎均值分值偏低，標準差偏大，可能是因為人力資源管理專業學生畢業後想要創業的人數較少。此外，市場行銷的均值同樣較低，標準差偏大。這與行銷實訓從嚴格角度來說並不屬於人力資源管理專業實訓課，以及人力資源管理專業學生畢業後較少從事行銷工作有很大的關係。

3. 人力資源管理專業本科在校生對培養環境的理解

針對廣西財經學院人力資源管理專業課程設置、師資力量、課堂教學、學習環境、教學硬件設施等組成的培養環境，我們對被試進行滿意程度調查。滿意程度從「非常不滿意」到「非常滿意」分為五個層次，「非常滿意」為5分，依次遞減，「非常不滿意」為1分。得出的描述性統計結果如表5-7所示。

表5-7　人力資源管理專業本科在校生對培養環境滿意程度的描述統計值

滿意度項目	均值	標準差
專業課程設置	3.41	0.700
師資力量	3.80	0.706
課堂教學方法	3.57	0.659
學習環境	2.85	0.829
硬件設施	2.89	0.883

可以明顯地看出，被試對以上五個項目的滿意度一般。其中專業課程設置、師資力量、課程教學方法的滿意度較高，其均值介於一般滿意和滿意之間。而學習環境、硬件設施的滿意度偏低，其均值介於一般和不滿意之間。因此，我們可以明確未來需要首先改善的方向應該是學習環境的優化以及加大硬件設施完善力度方面的。

4. 人力資源管理專業本科在校生對培養現狀的評價

我們針對計算機操作技能、外語水平、人力資源管理技能、文字表達能力等人力資源管理專業人員的勝任力因子，對被調查對象進行自身評價調查。調查結果如表5-8所示。

表 5-8　　　　人力資源管理專業本科在校生對培養現狀的評價

項目	極小值	極大值	均值	標準差
我對計算機操作非常擅長	1	5	3.06	0.790
我的外語水平很高	1	5	2.69	0.721
我的心理素質很好	1	5	3.48	0.773
我能很好地處理各方面的人際關係	1	5	3.41	0.707
我對人力資源管理專業知識掌握得很牢固	1	5	2.98	0.684
我對人力資源管理專業技能掌握得很熟練	1	5	2.92	0.699
我很擅長與他人溝通交流	1	5	3.37	0.762
我的適應能力很強	1	5	3.81	0.805
我的文字表達能力很好	1	5	3.19	0.672

由表 5-8 可以看出，人力資源管理專業本科在校生普遍認為自身外語水平不高，其均值為 2.69。由其極大值為 5，我們可以認為沒有一個調查對象認為自己的外語水平達到很高的水平。此外，人力資源管理專業知識和專業技能兩項的均值低於 3，可能是因為在校生尚未走出學校將所學付諸實踐，對自己所學專業知識的掌握程度表現出不自信。表 5-8 的數據也反應出在校生相信自己的適應能力都很強。此外，他們對自己現有的心理素質和溝通能力也比較自信。由於人力資源管理專業學生所從事的職業是要處理最複雜的資源——人力資源，較好的心理素質和溝通能力是人力資源管理專業學生所應具備的素質。

5. 人力資源管理專業本科在校生對教師教學的評價

對於教師教學方面的評價，我們依然採用 5 點量表的形式進行調查。最終結果如表 5-9 所示。

表 5-9　　　　人力資源管理專業本科在校生對教師教學的評價

項目	均值	標準差
通過老師的教學，我分析和解決相關問題的能力提高了	3.57	0.712
老師對教學很熱忱，充滿了精力和活力	3.68	0.828
老師對講課內容和方法做了精心的準備	3.75	0.804
老師上課時教學目的很明確，重點突出	3.64	0.810
老師鼓勵我們參與課堂討論	4.05	0.889
無論課堂內外我都能感到老師歡迎我們向他(她)尋求學習幫助	3.92	0.906
老師在講課時能夠比較各種理論與方法	3.77	0.804

表5-9（續）

項目	均值	標準差
老師能熟悉地介紹本學科領域目前的發展趨勢	3.66	0.851
老師布置的作業能體現老師所強調的內容	3.78	0.847
老師指定的閱讀或參考資料對我的學習很有幫助	3.82	0.872

由表5-9可以看出，被調查對象普遍對人力資源管理專業的教師教學評價較高。大家覺得大多數任課老師都鼓勵學生積極參與課堂討論，希望學生能在活躍激烈的討論中迸發出思維的火花。在教學內容方面，被調查對象認為無論是教學內容的前沿性，還是內容之間的比較，在課堂上都得到較好的體現。「通過教學後分析和解決問題的能力得到提高」這一項均值相對其他的評價是最低的。這在一定程度上也說明一部分學生解決問題的能力並沒有因為課堂的學習得到提高。換句話說，人力資源管理專業學生在運用所學知識來解決問題的能力仍需要提高。

（二）調查結果分析

通過調查可以發現，人力資源管理專業本科在校生在培養方法、課程設置、培養環境、培養現狀、教師教學等方面的理解上有如下特點：

（1）多採用社會實踐方法。被試普遍認為，社會實踐活動可以激發他們學習專業理論的濃厚興趣，鍛煉他們運用所學知識分析和解決社會實際問題的能力。在社會實踐活動中，被試更傾向於到企業實習。這跟人力資源管理專業特點是相吻合的。由於人力資源管理對象的複雜性，人力資源管理專業學生的實踐能力培養不能像理工科專業學生那樣，借助校內實驗室進行訓練來完成。人力資源管理專業學生必須把一個企業、一個行業、一個經濟發展區域作為「實驗室」來進行管理實踐能力的訓練和培養。然而在現實中，企業不太願意接受學生實習。因此，學校需要和企業共建實習基地，靈活安排時間，在滿足企業需要的基礎上開展實習活動，以提高企業接受學生實習的動機。

（2）多開設實驗課程。被試普遍認為，實驗課程更能夠讓他們理解教學內容，提高開展人力資源管理工作的技能。在實驗課程上，被試更傾向於人力資源管理各職能的實驗。因此，學校在實驗教學實踐中，首先要進行人力資源管理實驗室的整體構建，確保實驗教學的需求。按功能劃分，校內人力資源管理實驗室可以包含員工招聘實驗室、人力資源實戰演練室、workshop實驗室、模擬企業人力資源部仿真實驗室、情景模擬實驗室、人才測評實驗室、案例討論

室等。其次,要抓好實驗室中的軟件建設工作。在工作分析、員工招聘、績效評估、人員素質測評、職業生涯設計、薪酬體系設計、人力資源管理信息系統設計等內容模塊的教學中會涉及學生對相關測評軟件和管理信息系統的運用,應當配備人力資源管理實驗操作系統、人力資源管理教學模擬系統、人才測評系統等教學網路軟件。最後,要加強對人力資源管理實驗室的管理。要讓人力資源管理專業教師接受教學軟件使用的培訓,使他們既能傳授理論,又能指導學生進行實際操作。這樣對培養教師技能、「診斷」學生理論與實際結合的情況都有幫助。

(3) 硬件缺乏、技能提高有限和教師教學脫離實際仍然是人力資源管理專業培養中存在的主要問題。被試普遍認為,硬件缺乏不利於他們對知識的學習和技能的提升,教師教學過於理論化不利於他們分析和解決問題能力的提高。教學條件和師資隊伍在很大程度上決定了教學模式、教學方法與手段的選擇,進而決定了教學效果的好壞和人才培養質量的高低。因此,高等院校應充分利用有限的經費,加強硬件條件的建設和師資隊伍的培養。高校在師資隊伍培養上,一方面鼓勵教師到企業掛職鍛煉、到企業兼職、利用寒暑假參與企業實踐或到企業學習、與企業之間開展一些橫向課題研究、參加一些由實戰專家授課的專項技能研討或培訓班,直接聘用在企事業單位從事過人力資源管理工作並具有較高技能水平的實踐專家為專任或兼任教師,邀請實踐專家到學校舉辦專題講座等方式提升師資隊伍的實踐技能;另一方面,採取校外引進和校內培養相結合的方式,注重培養和引進「雙師型」和具有大型企業人力資源管理經驗的教師,提升人力資源管理課程教學所需的整體師資實力。

二、企業人力資源管理人員對人才培養的理解

(一) 描述性統計分析

1. 訪談的描述性統計

根據訪談,我們對 15 位被訪談對象認為的人力資源管理專業人員勝任力要素培養方法進行統計分析。結果如表 5-10 所示。

表 5-10　　　　　　　勝任力要素培養方法的描述性統計

序號	培養途徑	頻數(次)	百分比(%)
1	社會實踐	7	46.67
2	案例教學	6	40.00

表5-10(續)

序號	培養途徑	頻數（次）	百分比（%）
3	實習	6	40.00
4	企業講學	5	33.33
5	校企合作	4	26.67
6	完善課程結構、增加實踐課程	3	20.00
7	情景再現	2	13.33
8	專業實踐	2	13.33
9	重視心理學和法學教學	2	13.33
10	考取專業證書	2	13.33
11	專業實訓教學	2	13.33
12	沙盤模擬	1	6.67
13	社團活動	1	6.67
14	素質拓展	1	6.67
15	課堂遊戲	1	6.67
16	思維學科培養	1	6.67
17	專業實操大賽	1	6.67
18	公文筐練習	1	6.67
19	閱讀報告	1	6.67
20	微課教學	1	6.67
21	公文寫作	1	6.67
22	選擇輔修課程拓展其他專業知識	1	6.67
23	增開實訓課程	1	6.67
24	增加財務課程如初級會計、中級會計	1	6.67
25	模擬仿真教學	1	6.67
26	建立專業實驗室	1	6.67
27	結合地區經濟發展制訂培養方案	1	6.67
28	創新創業精神培養	1	6.67
29	辯論賽	1	6.67
30	課外閱讀	1	6.67
31	加強職業意識教育	1	6.67

可以看出，社會實踐是最被認可的一種培養方法，有7位被訪談者提及。其次是案例教學和實習，兩者都被提及6次。此外，我們看到，企業講學和校

企合作同樣是被提及次數較多的培養方法。在企業訪談中，接受訪談的大多數企業人力資源管理者提到，現在的大學生應該走出校園，多接觸社會，參加社會實踐以及實習以增加經驗和實踐能力。此外，他們提出，不僅社會可以培養實踐能力，高校的教學培養也應該注重實踐能力的培養。毫無疑問，案例教學就可以讓學生直接接觸到企業管理中遇到的真實問題，案例分析的過程一定程度上相當於學生參與了管理問題的解決。促進校慶合作，比如，邀請企業管理人士進課堂來講述企業實踐中的問題及解決方法，不僅讓學生更加真實直觀地瞭解管理實踐中的問題，也使學校培養出更符合企業要求的學生。這樣，學生不會因為理論與實踐的脫節而難以就業，企業也可以招到合適的人才，對高校和企業是一種雙贏的培養途徑。

此外，完善課程結構、增加實踐課程這一項被 3 人提及。有被訪談者表示，當前高校人力資源管理專業人才培養過於理論化，實踐課程較少；而且人力資源管理模塊的課程較為分散，教學過程中模塊與模塊間的知識難以串連起來，造成理論知識孤立、缺乏系統性。因此，他們認為提高人才培養水平應該首先從課程結構設置著手。

當前是科技發達的時代。有個別被訪談者也提出，學校可以與時俱進地採取一些新的教學手段，比如微課教學、模擬仿真教學。他們認為，微課教學是一種比較靈活的教學方式，可以讓學生充分利用碎片化的時間，而且因其時間較短也不容易引起疲乏感。模擬仿真教學就對學校的硬體設施有較大的要求，但其所達到的效果是相當不錯的。

2. 問卷的描述性統計

根據問卷調查，我們對 80 位被調查對象認為的人力資源管理專業人員勝任力要素培養方法進行統計分析。結果如表 5-11 所示。

表 5-11　　　　　　　　勝任力要素培養方法的描述性統計

勝任力要素	課堂學習和自主學習（%）	課堂案例分析討論（%）	開展項目研究（%）	翻轉課堂學習（%）	開展素質拓展活動（%）	參加社會實踐活動（%）	參加企業頂崗實習（%）
專業知識	25.8	19.4	5.8	3.9	8.4	21.3	15.5
勞動法律	27.9	39.4	7.7	1.9	2.9	12.5	7.7
心理學知識	23.8	22.9	13.3	2.9	15.2	18.1	3.8
辦公軟體技能	34.0	10.0	7.0	5.0	2.0	24.0	18.0

表5-11(續)

勝任力要素	培養方法							
	課堂學習和自主學習(%)	課堂案例分析討論(%)	開展項目研究(%)	翻轉課堂學習(%)	開展素質拓展活動(%)	參加社會實踐活動(%)	參加企業頂崗實習(%)
溝通技巧	9.2	14.2	5.0	5.0	14.2	33.3	19.2
創新能力	13.2	7.9	12.3	3.5	9.3	30.7	13.2
語言表達能力	9.6	13.2	3.5	7.0	17.5	35.1	14.0
英語能力	44.2	9.5	8.4	9.5	8.4	16.8	3.2
理解能力	18.5	17.6	10.1	4.2	12.6	24.4	12.6
團隊意識	8.4	7.6	5.9	1.7	24.4	31.1	21.0
細心	17.8	6.9	5.9	1.0	13.9	29.8	24.8
責任心	12.2	7.0	4.3	3.5	14.8	32.2	26.1

從表5-11可以清楚看出，在企業人力資源管理人員看來，每個勝任力要素的最好的培養方法是存在差異的。這種差異在不同類型的勝任力上尤其明顯。比如，對於團隊意識等個人特質類勝任力，企業人力資源管理人員普遍認為參加社會實踐是最好的培養途徑；而對於人力資源管理專業理論知識等知識類勝任力要素，課堂學習和自主學習則被認為是培養該類勝任力的最好的方法。

具體來說，對專業知識這一勝任力要素，課堂學習和自主學習被認為是最佳的培養方法，其比例為25.8%；其次是參加社會實踐活動，比例是21.3%，僅比課堂學習和自主性學習低4.5%。這意味著這兩種培養途徑在企業人力資源管理人員眼中在培養專業知識方面的重要程度是不分伯仲的，課堂學習和社會實踐相輔相成，共同促進專業知識的學習和獲得。緊接著這兩項後面的是課堂案例分析討論和企業頂崗學習，兩者被選擇的頻率分別為19.4%、15.5%。而辦公軟件技能以及英語能力的結果與專業知識的結果相類似。課堂學習和自主學習以及實踐被認為是最好的兩種培養途徑。

對於勞動法律，課堂案例分析被認為是培養該項勝任力最好的途徑；其次是課堂學習及自主學習，這兩項的比例超過一半，達到67.3%。企業人力資源管理人員認為，勞動法律知識較為生澀難懂，結合現實的案例分析解讀才能讓學生更好理解，通過課堂案例分析討論才能讓學生切實立足於人力資源管理實踐中的勞動爭議問題，並運用勞動法律解決問題。當然，課堂學習和自主學習是鞏固和拓展法律學習的關鍵。而心理學知識不同於法律知識，課堂學習則被認為是最佳的培養途徑，其次才是課堂案例分析。

能力類和個人特質類勝任力的培養方法與知識技能類勝任力的培養方法有較大的差異性，此類培養方法更加傾向於實踐而非課堂學習。比如溝通技巧、語言表達能力、團隊意識、細心、責任心等。企業人力資源管理人員認為社會實踐是培養該類素質的最好的方法。其次是企業頂崗實習、拓展活動。在能力類勝任力中與語言表達能力結果存在一些差異的兩個是理解能力和創新能力。該兩項勝任力的最好培養方法被認為是社會實踐活動。另外，課堂學習和自主學習被認為是僅次於社會實踐的一項重要的培養方法。其實這不難理解，這與理解能力與創新能力本身的特點是分不開的：理解和創新首先要基於學習，離開了學習根本就談不上創新。

（二）不同從業時間的企業人力資源管理人員在人才培養理解上的差異

在調查中，我們根據從業時間的不同把調查對象分為從業2年內、從業2~5年、從業5年以上三類人群。不同的從業時間的企業人力資源管理人員有著不同的閱歷和經驗，對勝任力培養方法的看法可能存在差異。為了證實不同從業時間對培養方法是否產生影響，我們進行了差異性分析。所得結果如表5-12所示。

表5-12　不同從業時間的企業人力資源管理人員對人才培養的理解

勝任力素質	培養方法		
	2年內	2~5年	5年以上
專業知識	課堂案例分析討論	課堂學習和自主學習	課堂學習和自主學習
勞動法律	課堂案例分析討論		
心理學知識	課堂學習和自主學習	課堂案例分析討論	課堂學習和自主學習
辦公軟件技能	課堂學習和自主學習	課堂學習和自主學習	參加社會實踐活動
溝通技巧	參加社會實踐活動		
創新能力	參加社會實踐活動		
語言表達能力	參加社會實踐活動		
英語能力	課堂學習和自主學習		
理解能力	參加社會實踐活動	參加社會實踐活動	參加社會實踐活動、課堂學習和自主學習
團隊意識	開展素質拓展活動、參加社會實踐活動	參加社會實踐活動	參加社會實踐活動
細心	參加企業頂崗實習	參加社會實踐活動	參加社會實踐活動
責任心	參加企業頂崗實習	參加社會實踐活動	參加社會實踐活動

（註：培養方法為某種類型人群中針對某種勝任力選擇頻率最高的一項培養方法，若有兩項，表示兩項頻率相同。）

由表 5-12 可以看出，在企業中不同從業時間的人力資源管理者看來，溝通技巧、創新能力、語言表達能力三項勝任力的最佳的培養方法是參加社會實踐活動。而對於英語能力的培養則是通過課堂學習和自主學習，畢竟英語是一門語言，課堂教學是語言的語義語法學習的關鍵。另外，學生個人課外的自主學習訓練是提高詞彙量和口語水平的關鍵。

勞動法律的學習不同於一般理論知識的學習，它需要結合實際問題去理解。所以所有被調查的企業人力資源管理人士都認為勞動法律這一勝任力最好的培養方法是課堂案例分析討論。學生通過分析實際案例，才能知悉法律的實際情境應用，在鞏固法律知識的同時學會了學以致用。

當然，並非所有的企業人力資源管理人員對所有的勝任力的最佳培養方法的看法都是一致的。在專業知識這一項勝任力上，從業 2 年內的人力資源管理人員認為課堂案例分析討論是最佳的培養方法，而從業 2 年及以上的人力資源管理從業者則認為課堂學習和自主學習是最好的培養方法。

同樣，課堂學習和自主學習被從業 2 年內以及從業 5 年以上的人員認為是培養心理學知識的最佳方法，但從業 2~5 年內的人力資源管理人員卻認為課堂案例分析討論才是最佳培養方法。

從業 5 年及以下的人力資源管理人員認為培養辦公軟件技能最好的方法是課堂學習和自主學習，而從業 5 年以上的人員認為社會實踐活動才是最佳培養方法。這種差異在理解能力上也同樣存在，從業 5 年及以下的人力資源管理人員認為社會實踐活動是培養該項勝任力最佳的方法，然而從業 5 年以上的人力資源管理人員認為除了社會實踐活動外，課堂學習和自主學習也起到同樣的培養效果。

對於團隊意識、細心、責任心等個人特質這一類的勝任力要素，從業 2 年及以上的企業人力資源管理人員看法基本一致，都認為參加社會實踐活動是最好的培養方法。但在從業 2 年內的人力資源管理人員看來，參加企業頂崗實習才是培養細心和責任心最佳的途徑，開展素質拓展活動以及參加社會實踐活動是培養團隊意識的最佳方法。這可以理解為從業 2 年內的人力資源管理者剛走上職場，從他們有限的經歷中去判斷某項勝任力的時候與從業多年有著豐富實踐經驗的管理人員做的判斷顯然存在差異。

三、人力資源管理專業本科在校生與企業人力資源管理人員在人才培養理解上的差異

(一) 課堂學習和自主學習

自主學習是指在課堂上，學生通過老師的科學指導，圍繞教師確定的學習目標，自主地選擇學習方法，自我監控學習過程，並自主評價學習的結果。自主學習是通過能動的創造性的學習活動，實現學生自主性發展的教學實踐活動。

通過調查我們發現，企業人力資源管理人員對學習專業知識、辦公軟件、英語能力這幾項素質更傾向於通過課堂學習和自主學習的方式獲取。我們通過訪談7家企業的10位人力資源管理人員和5位從事人力資源管理專業教學的老師發現：對於專業理論知識、心理學知識和勞動法律知識這幾項素質，他們也更多地認為通過課堂學習和自主學習的方式能夠更好地掌握這些知識。其原因有：①受傳統教育思維的影響，課堂學習讓人容易接受；②課堂學習傳授的知識更加系統、全面，使學生能夠更好地掌握基礎知識，授課地點和對教師的要求較低；③就成本而言，課堂學習成本較低，學習人數眾多，傳播面廣。

與企業人員不同，在校生當前接受的教育模式更多的還是傳統的課堂學習模式。這種類型的學習模式一定程度上抑制了學生的主動性和創造性，導致他們對當前培養模式在專業知識要素和辦公軟件要素方面沒有明顯的看法。

(二) 課堂案例分析

課堂案例分析是當前我們教學過程中較常用的方式。它主要是使學生通過分析一個案例，找出原因，尋求解決的方法以及得出結論，從而加深對課堂理論知識的理解。在校生對此種培養方法不太認可。在199份有效問卷中，只有13.3%的同學認可，僅高於課堂翻轉學習，其比例位於倒數第二。與在校生相反的是，企業人力資源管理人員認為進行課堂案例分析討論對於學習勞動法律知識是個很有效的方式。在訪談中，我們也發現了對於勞動法律，企業人力資源管理人員和教師都更多地傾向於採用案例分析的方式來培養學生。一方面，他們認為，學生的法律知識比較薄弱，法律意識也不強，更多的學生甚至認為法律離他們的生活很遠；另一方面，因為法律知識面廣、生澀難懂，學生以個人能力很難自我學習，更不能夠通過其他的學習方式（比如社會實踐）獲得，更多的是需要在老師的解讀、指導下進行學習。

(三）開展專業項目研究

專業項目研究相對於其他的培養方式，其更加的學術性、專業性，對學生的能力要求更高。通過對比，我們發現在校生與企業人力資源管理人員在此培養方法上存在較大差異。在校生中有 16.5%的同學認為開展專業項目的研究，能提升其素質要素；而企業人力資源管理人員對此方法倒不看好，僅有一小部分的人員選擇此方法。通過老師的指導和幫助，在校生是可以完成項目研究的。但企業人力資源管理人員對此並不看好，他們更多地認為當前本科生在項目研究這一方面還是相對薄弱的；再者，項目研究是件費時費力的事情，從成本的角度考慮，不夠經濟，其帶來的收益也是未知的。故而在這一點上，在校生和企業人力資源管理人員存在的差異還是較大的。

(四）翻轉課堂

翻轉課堂譯自「Flipped Classroom」或「Inverted Classroom」，是指重新調整課堂內外的時間，將學習的決定權從教師轉移到學生。在這種教學模式下，在課堂內的寶貴時間，學生能夠更專注於主動的基於項目的學習，共同研究並解決本地化或全球化的挑戰以及其他現實世界的問題，從而獲得更深層次的理解。在這一培養方法上，在校生與企業人力資源管理人員觀點一致，選擇人數都是最少的。在校生認為此方法要求過高，與我們傳統的教學培養方式有較大差異，學生在傳統培養方法上丟失了主動性，也不擅長提問，很難把握此種培養方法；而企業人力資源管理人員大多數不瞭解此方法，因而無法做出準確的判斷。

(五）開展素質拓展活動

良好的團隊精神和積極進取的人生態度，是現代人應有的基本素質，也是現代人人格特質的兩大核心內涵。在現代社會，人類的智慧和技能只有在這種人格力量的駕馭下，才會迸發出耀眼的光芒。素質拓展應運而生。素質拓展起源於國外風行了幾十年的戶外體驗式訓練，通過設計獨特的富有思想性、挑戰性和趣味性的戶外活動，培訓人們積極進取的人生態度和團隊合作精神，是一種現代人和現代組織使用的全新的學習方法和訓練方式。在校生有 16.8%認同此方法，僅次於社會實踐和定崗實習；而企業人力資源管理人員也有部分人認為此方法對於培養團隊合作能力和語言溝通能力有較大的作用。

(六）參加社會實踐活動

社會實踐即假期實習或校外實習，對於在校大學生具有加深對本專業的瞭解、確認適合的職業、為向職場過渡做準備、增強就業競爭優勢等多方面的意

義。大學生參加社會實踐，能瞭解社會、認識國情、增長才干、奉獻社會、鍛煉毅力、培養品格，增強歷史使命感和社會責任感。同時其對於加強自身獨立性也有十分重要的意義。無論是在校生還是企業人力資源管理人員都一致認為多參加社會實踐是增強我們勝任力最好的方法。訪談中，老師也認為理論聯繫實際能夠讓我們更快地上手，熟悉流程，也能培養我們的語言表達能力和人際交往能力等。

（七）參加企業頂崗實習

頂崗實習，是指在基本上完成教學實習和學過大部分基礎技術課之後，到專業對口的現場直接參與生產過程，綜合運用本專業所學的知識和技能，完成一定的生產任務，並進一步獲得感性認識，掌握操作技能，學習企業管理，養成正確勞動態度的一種實踐性教學形式。通過調查訪談我們發現，企業很歡迎學生去企業實習。一方面，企業需要儲備人才，從成本角度考慮，使用實習生可以減少成本；另一方面，學生需要到企業去實習，理論聯繫實際，為將來正式的工作打下基礎。這是雙贏的結果。故而，此種培養方法也獲得了企業人力資源管理人員與在校生的認可，其頻次僅次於社會實踐。

學習資料 5-6

關於人力資源管理專業教育未來發展的思考[①]

人力資源管理本科專業在中國設立已經有 20 多年了，多年來培養了大批專業人才，同時面臨新的挑戰。一方面，社會對該專業本科畢業生的數量需求已經不再像當年那樣強烈而對學生綜合素質要求越來越高；另一方面，由於就業壓力增大，畢業走向越來越多樣化。人力資源管理本科教育的未來發展應當考慮：

一是進一步拓寬學科基礎，奠定學生未來轉移發展的寬口徑。為了培養好應用型人才，除了高等本科教育規定的課程外，人力資源管理本科教育階段還應當在學科領域上逐步拓寬：從宏觀上看應當加強經濟學、政治學、社會學、法學、中國傳統文化教育；從微觀上看，應當加強管理學、心理學教育。而且，其不能只講授學科中與人力資源管理相關的部分。只有寬口徑的本科教育才能使沒有社會經驗的本科生奠定人力資源管理的學科基礎，認清自己未來的

---

① 資料來源：董克用. 關於人力資源管理專業教育未來發展的思考 [J]. 中國人力資源開發，2012（8）.

職業發展。

二是需要注重培養層次,特別是本科與碩士層次的銜接。除了拓寬學科口徑之外,還應當使學生在本科階段打好能力基礎,特別是學會分析問題和研究問題的方法。這就需要加強社會科學研究設計、社會調查方法、數據統計分析、研究報告與論文規範寫作等課程的建設。這些能力是一個社會科學本科畢業生所必須具備的能力。另外,中國目前絕大多數高校是從本科畢業生中直接招收碩士的,改革的方向是加強專業學位碩士研究生的培養,擴大專業學位研究生的比重,將原有的學術型碩士研究生主要轉為博士生培養的前期階段,即實現「碩博連讀」。但中國目前沒有將人力資源管理列入專業學位目錄。這是人力資源管理專業發展面臨的重大挑戰。

三是需要注重研究新領域的問題。進入21世紀以來,中國逐步加強了對人才問題的研究,先後召開了兩次全國人才工作會議。人才是人力資源中的優秀者,對人才的培養、發現、激勵有其特有的規律。人力資源管理不研究其特殊性就無法回應社會的需求。勞動關係問題在發達國家產生於人力資源管理之前,而在中國近十年來其才逐步得到社會的關注。我們應當探索在人力資源管理的框架內解決勞動關係問題,或者說,實現兩個領域研究的融合。而要實現這一點,沒有多學科的知識結構,沒有對中國傳統文化的深刻理解,是很難做到的。

本章小結

高等院校人力資源管理專業教育是隨著社會需求的不斷高漲而逐漸發展起來的。中國人力資源管理專業本、專科教育的迅速發展始於21世紀之後。中國還沒有將人力資源管理作為一個專業納入碩士研究生招生目錄,人力資源管理專業的碩士學位授予點較少。

培養厚基礎、寬口徑的複合型人才是人力資源管理本科教育的大勢所趨。從高校人力資源管理專業課程設置來看,不管是課程內容還是課程結構都存在著一定的差異。這可能跟不同學校對培養目標的不同解讀有關。從教學方法看,案例教學法、情景模擬法、體驗教學法等新的教學方法得到廣泛運用。

人力資源管理專業本科在校生與企業人力資源管理人員在人才培養理解上存在一定的差異。例如,在校生不太認可課堂案例分析討論,而企業人力資源管理人員認為進行課堂案例分析討論對於學習勞動法律知識是個很有效的方式。

思考題

1. 中國高等院校人力資源管理專業教育發展歷程是怎樣的？
2. 中國高等院校人力資源管理專業本科人才培養有什麼特點？
3. 中國高等院校人力資源管理專業有哪些教學方法？
4. 在課堂上，如何學習才能提高自己的專業素質？
5. 在社會實踐中，如何學習才能提高自己的專業素質？

訓 練

MBTI 人格類型測試問卷

注意事項：

1. 請在心態平和及時間充足的情況下才開始答題。

2. 每道題目均有兩個答案：A 和 B。請仔細閱讀題目，按照與你性格相符的程度分別給 A 和 B 賦予一個分數，並使一組中的兩個分數之和為 5。最後，請在問卷後的答題紙上相應的方格內填上相應的分數。

3. 請注意，題目的答案無對錯之分。你不需要考慮哪個答案「應該」更好，而且不要在任何問題上思考太久，而是應該憑你心裡的第一反應做出選擇。

4. 如果你覺得在不同的情景裡，兩個答案或許都能反應你的傾向，請選擇一個對於你的行為方式來說最自然、最順暢和最從容的答案。例子：「你參與社交聚會時」A. 總是能認識新朋友。B. 只跟幾個親密摯友待在一起。很明顯，你參與社交聚會時有時能認識新朋友，有時又會只跟幾個親密摯友待在一起。在以上的例子中，我們給總是能認識新朋友打 4 分，而給只跟幾個親密摯友待在一起打 1 分。當然，在你看來，也可能是 3+2 或者 5+0，也可以是其他的組合。

請在以下範圍內一一對應地選擇你對以下項目的賦值：

最 小 ——————————————— 最大 0, 1, 2, 3, 4, 5

開始測試

1. 當你遇到新朋友時，你

A. 說話的時間與聆聽的時間相當。（　　）

B. 聆聽的時間會比說話的時間多。（　　）

2. 下列哪一種是你的一般生活取向？

A. 只管做吧。（　　）

B. 找出多種不同選擇。（　　）

3. 你喜歡自己的哪種性格？

A. 冷靜而理性。（　　）

B. 熱情而體諒。（　　）

4. 你擅長

A. 在有時間時同時協調進行多項工作。（　　）

B. 專注在某一項工作上，直至把它完成。（　　）

5. 你參與社交聚會時

A. 總是能認識新朋友。（　　）

B. 只跟幾個親密摯友待在一起。（　　）

6. 當你嘗試瞭解某些事情時，一般會

A. 先要瞭解細節。（　　）

B. 先瞭解整體情況，細節容後再談。（　　）

7. 你對下列哪方面較感興趣？

A. 知道別人的想法。（　　）

B. 知道別人的感受。（　　）

8. 你較喜歡下列哪個工作？

A. 能讓你迅速和即時做出反應的工作。（　　）

B. 能讓你定出目標，然後逐步達成目標的工作。（　　）

9. 下列哪一種說法較適合你？

A. 當我與友人盡興後，我會感到精力充沛，並會繼續追求這種歡娛。（　　）

B. 當我與友人盡興後，我會感到疲累，覺得需要一些空間。（　　）

10. A. 我較有興趣知道別人的經歷。例如他們做過什麼？認識什麼人？（　　）

B. 我較有興趣知道別人的計劃和夢想。例如他們會往哪裡去？憧憬什麼？（　　）

11. A. 我擅長制訂一些可行的計劃。（　　）

B. 我擅長促成別人同意一些計劃，並全力合作。（　）

12. A. 我會突然嘗試做某些事，看看會有什麼事情發生。（　）

B. 我嘗試做任何事前，都想事先知道可能有什麼事情發生。（　）

13. A. 我經常邊說話，邊思考。（　）

B. 我在說話前，通常會思考要說的話。（　）

14. A. 四周的實際環境對我很重要，而且會影響我的感受。（　）

B. 如果我喜歡所做的事情，氣氛對我而言並不是那麼重要。（　）

15. A. 我喜歡分析，心思縝密。（　）

B. 我對人感興趣，關心他們所發生的事。（　）

16. A. 即使已有計劃，我也喜歡探討其他新的方案。（　）

B. 一旦制訂好計劃，我便希望能依計行事。（　）

17. A. 認識我的人，一般都知道什麼對我來說是重要的。（　）

B. 除了我感覺親近的人，我不會對人說出什麼對我來說是重要的。（　）

18. A. 我如果喜歡某種活動，便會經常進行這種活動。（　）

B. 我一旦熟悉某種活動後，便希望轉而嘗試其他新的活動。（　）

19. A. 當我做決定的時候，我更多地考慮正反兩面的觀點，並且會推理與論證。（　）

B. 當我做決定的時候，我會更多地瞭解其他人的想法，並希望能夠達成共識。（　）

20. A. 當我專注做某件事情時，需要不時停下來休息。（　）

B. 當我專注做某件事情時，不希望受到任何干擾。（　）

21. A. 我獨處太久，便會感到不安。（　）

B. 若沒有足夠的自處時間，我便會感到煩躁不安。（　）

22. A. 我對一些沒有實際用途的意念不感興趣。（　）

B. 我喜歡意念本身，並享受想像意念的過程。（　）

23. A. 當進行談判時，我依靠自己的知識和技巧。（　）

B. 當進行談判時，我會拉攏其他人至同一陣線。（　）

24. 當你放假時，你多數會

A. 隨遇而安，做當時想做的事。（　）

B. 為想做的事情制定時間表。（　）

25. A. 花多些時間與別人共度。（　）

B. 花多些時間自己閱讀、散步或者做白日夢。(　　)

26. A. 返回你喜歡的地方度假。(　　)

B. 選擇前往一些你從未到達的地方。(　　)

27. A. 帶著一些與工作或學校有關的事情。(　　)

B. 處理一些對你重要的人際關係。(　　)

28. A. 忘記平時發生的事情，專心享樂。(　　)

B. 想著假期過後要準備的事情。(　　)

29. A. 參觀著名景點。(　　)

B. 花時間逛博物館和一些較為幽靜的地方。(　　)

30. A. 在喜歡的餐廳用膳。(　　)

B. 嘗試新的菜式。(　　)

31. A. 別人認為我會公正處事，並且尊重他人。(　　)

B. 別人相信在他們有需要時，我會在他們身邊。(　　)

32. A. 隨機應變。(　　)

B. 按照計劃行事。(　　)

33. A. 坦率。(　　)

B. 深沉。(　　)

34. A. 留意事實。(　　)

B. 注重事實。(　　)

35. A. 知識廣博。(　　)

B. 善解人意。(　　)

36. A. 容易適應轉變。(　　)

B. 處事井井有條。(　　)

37. A. 爽朗。(　　)

B. 沉穩。(　　)

38. A. 實事求是。(　　)

B. 富想像力。(　　)

39. A. 喜歡詢問實情。(　　)

B. 喜歡探索感受。(　　)

40. A. 不斷接受新意見。(　　)

B. 著眼達成目標。(　　)

41. A. 率直。(　　)

B. 內斂。（　）

42. A. 實事求是。（　）

B. 具遠大目光。（　）

43. A. 公正。（　）

B. 寬容。（　）

44. A. 暫時放下不愉快的事情，直至有心情時才處理。（　）

B. 及時處理不愉快的事情，務求把它們拋諸腦後。（　）

45. A. 自己的工作被欣賞，即使你自己並不滿意。（　）

B. 創造一些有長遠價值的東西，但不一定需要別人知道是你做的。（　）

46. A. 在自己有興趣的領域，累積豐富的經驗。（　）

B. 有各式各樣不同的經驗。（　）

47. A. 感情用事的人較容易犯錯。（　）

B. 邏輯思維會令人自以為是，因而容易犯錯。（　）

48. A. 猶豫不決必失敗。（　）

B. 三思而後行。（　）

MBTI 人格類型測試問卷答題紙

	A	B		A	B		A	B		A	B
1			2			3			4		
5			6			7			8		
9			10			11			12		
13			14			15			16		
17			18			19			20		
21			22			23			24		
25			26			27			28		
29			30			31			32		
33			34			35			36		
37			38			39			40		
41			42			43			44		
45			46			47			48		
總分											

A	B		A	B		A	B		A	B
E	I		S	N		T	F		J	P

結果

現在，將每項總得分轉移到下列各個空白處，也就是說，你在維度 E 名下的總得分記在 E 後面的空白處，在維度 I 名下的總得分記在 I 後面的空白處，以此類推。

E：＿＿＿＿＿＿＿＿　　I：＿＿＿＿＿＿＿＿

S：＿＿＿＿＿＿＿＿　　N：＿＿＿＿＿＿＿＿

T：＿＿＿＿＿＿＿＿　　F：＿＿＿＿＿＿＿＿

J：＿＿＿＿＿＿＿＿　　P：＿＿＿＿＿＿＿＿

以上八個偏好兩兩成對，也就是說，E 和 I、S 和 N、T 和 F、J 和 P 各自是一對組合。在每一對組合中，比較該組合得分孰高孰低，高的那個就是你的優勢類型。如果同分的話，選擇後面的那一組，即 I、N、F、P。對四對組合都做一比較後，你會得到一個由 4 個字母組成的優勢類型，如 ENFP、ISTJ 等。把它寫在下面的橫線上＿＿＿＿＿＿。

結果解讀

例如：ENTJ（外傾、直覺、思維和判斷）

個性特徵描述：

ENTJ 型的人是偉大的領導者和決策人。他們能輕易地看出事物具有的可能性，很高興指導別人，使他們的想像成為現實。他們是頭腦靈活的思想家和偉大的長遠規劃者。

因為 ENTJ 型的人很有條理和分析能力，所以他們通常對要求推理和才智的任何事情都很擅長。為了在完成工作中稱職，他們通常會很自然地看出所處情況中可能存在的缺陷，並且立刻知道如何改進。他們力求精通整個體系，而不是簡單地把它們作為現存的接受。ENTJ 型的人樂於完成一些需要解決的複雜問題。他們大膽地力求掌握使他們感興趣的任何事情。ENTJ 型的人把事實看得高於一切，只有通過邏輯的推理才會確信。

ENTJ 型的人渴望不斷增加自己的知識基礎。他們系統地計劃和研究新情況。他們樂於鑽研複雜的理論性問題，力求精通任何他們認為有趣的事物。他們對於行為的未來結果更感興趣，而不是事物現存的狀況。ENTJ 型的人是熱心而真誠的天生的領導者。他們往往能夠控制他們所處的任何環境。因為他們

具有預見能力，並且向別人傳播他們的觀點，所以他們是出色的群眾組織者。他們往往按照一套相當嚴格的規律生活，並且希望別人也是如此。因此他們往往具有挑戰性，同樣艱難地推動自我和他人前進。

16種人格類型的職業傾向如表5-13所示。

表5-13　　　　16種人格類型的職業傾向（職業或領域）

ISTJ ● 管理者 ● 行政管理 ● 執法者 ● 會計 或者其他能夠讓他們可以利用自己的經驗和對細節的注意完成任務的職業	ISFJ ● 教育 ● 健康護理 ● 宗教服務 或者其他能夠讓他們運用自己的經驗親力親為幫助別人的職業（這種幫助是協助性的或輔助性的）	INFJ ● 宗教 ● 諮詢服務 ● 教學/教導 ● 藝術 或者其他能夠促進他人情感、智力或精神發展的職業	INTJ ● 科學或技術領域 ● 計算機 ● 法律 或者其他能夠讓他們運用智力創造和技術知識去構思、分析和完成任務的職業
ISTP ● 熟練工種 ● 技術領域 ● 農業 ● 執法者 ● 軍人 或者其他能夠讓他們動手操作、分析數據或事情的職業	ISFP ● 健康護理 ● 商業 ● 執法者 或者其他能夠讓他們運用友善、專注於細節的相關服務的職業	INFP ● 諮詢服務 ● 寫作 ● 藝術 或者其他能夠讓他們運用創造和集中於他們的價值觀的職業	INTP ● 科學或技術領域 或者其他能夠讓他們基於自己的專業技術知識獨立、客觀分析問題的職業
ESTP ● 市場 ● 熟練工種 ● 商業 ● 執法者 ● 應用技術 或者其他能夠讓他們利用行動關注必要細節的職業	ESFP ● 健康護理 ● 教學/教導 ● 教練 ● 兒童保育 ● 熟練工種 或者其他能夠讓他們利用外向的天性和熱情去幫助那些有實際需要的人們的職業	ENFP ● 諮詢服務 ● 教學/教導 ● 宗教 ● 藝術 或者其他能夠讓他們利用創造和交流去幫助促進他人成長的職業	ENTP ● 科學 ● 管理者 ● 技術 ● 藝術 或者其他能夠讓他們有機會不斷承擔新挑戰的工作

ESTJ	ESFJ	ENFJ	ENTJ
●管理者 ●行政管理 ●執法者 或者其他能夠讓他們運用對事實的邏輯和組織完成任務的職業	●教育 ●健康護理 ●宗教 或者其他能夠讓他們運用個人關懷為他人提供服務的職業	●宗教 ●藝術 ●教學/教導 或者其他能夠讓他們幫助別人在情感、智力和精神上成長的職業	●管理者 ●領導者 或者其他能夠讓他們運用實際分析、戰略計劃和組織完成任務的職業

（資料來源：親寶文章網——http://www.qb5200.com/content/2016-01-02/319656.html）

補充材料

人力資源管理師考試

人力資源管理師指獲得國家職業資格證書，從事人力資源規劃、招聘與配置、培訓與開發、績效管理、薪酬福利管理、勞動關係管理、人力資源法務等工作的管理人員。

1. 人力資源管理師的等級

人力資源管理師共設四個等級，分別為人力資源管理員（國家職業資格四級）、助理人力資源管理師（國家職業資格三級）、人力資源管理師（國家職業資格二級）、高級人力資源管理師（國家職業資格一級），如表5-14所示。

表5-14　　　　　　　　　人力資源管理師的等級

級別	名稱	職務
一級	高級人力資源管理師	組織制定和實施本企業人力資源管理的戰略規劃和重大事件的策略性解決方案，解決人力資源管理決策過程中的重大疑難問題或對相關問題提出相關建設性解決方案，能夠與相關單位建立良好的合作渠道
二級	人力資源管理師	處理複雜的或部分非常規的人力資源管理問題，確定工作方法，開發相關工具，指導主要相關人員的工作，審核相關文件製度，對人力資源管理領域出現的問題提出建設性建議，並對工作成果進行評估，聽取內外人員的意見，協調相關人員解決問題
三級	助理人力資源管理師	起草本專業相關文件；落實相關製度；在相關人力資源管理策略制定過程中，能夠對相關數據進行測算；獨立完成崗位日常管理工作，如獨立辦理招聘、勞動合同、勞務外派、社會保險等手續

級別	名稱	職務
四級	人力資源管理員	在他人指導下，從事人力資源管理行政性事務工作；負責人力資源相關資料、數據的收集、分析、整理和信息的傳遞；製作臺帳；承辦相關業務手續。其職能範圍局限於人力資源管理部門內部

2. 報考條件

人力資源管理員（具備以下條件之一者）：

（1）具有大專學歷（含同等學力），連續從事本職業工作1年以上，經本職業人力資源管理員正規培訓達到規定標準學時數，並取得畢（結）業證書；

（2）具有大專學歷（含同等學力），連續從事本職業工作2年以上；

（3）具有高中或中專學歷，連續從事本職業工作4年以上，經本職業人力資源管理員正規培訓達到規定標準學時數，並取得畢（結）業證書；

（4）具有高中或中專學歷，連續從事本職業工作5年以上。

助理人力資源管理師（具備以下條件之一者）：

（1）連續從事本職業工作6年以上；

（2）取得本職業四級企業人力資源管理師職業資格證書後，連續從事本職業工作4年以上；

（3）取得本職業四級企業人力資源管理師職業資格證書後，連續從事本職業工作3年以上，經本職業三級企業人力資源管理師正規培訓達到規定標準學時數，並取得結業證書；

（4）取得大學專科學歷證書後，連續從事本職業工作3年以上；

（5）取得大學本科學歷證書後，連續從事本職業工作1年以上；

（6）取得大學本科學歷證書後，經本職業三級企業人力資源管理師正規培訓達到規定標準學時數，並取得結業證書；

（7）具有碩士研究生及以上學歷證書。

人力資源管理師（具備以下條件之一者）：

（1）連續從事本職業工作13年以上；

（2）取得本職業三級企業人力資源管理師職業資格證書後，連續從事本職業工作5年以上；

（3）取得本職業三級企業人力資源管理師職業資格證書後，連續從事本職業工作4年以上，經本職業二級企業人力資源管理師正規培訓達到規定標準學時數，並取得結業證書；

（4）取得大學本科學歷證書後，連續從事本職業工作 5 年以上；

（5）具有大學本科學歷證書，取得本職業三級企業人力資源管理師職業資格證書後，連續從事本職業工作 4 年以上；

（6）具有大學本科學歷證書，取得本職業三級企業人力資源管理師職業資格證書後，連續從事本職業工作 3 年以上，經本職業二級企業人力資源管理師正規培訓達到規定標準學時數，並取得結業證書；

（7）取得碩士研究生及以上學歷證書後，連續從事本職業工作 2 年以上。

高級人力資源管理師（具備以下條件之一者）：

（1）取得人力資源管理師職業資格證書後，從事本職業工作 3 年以上，經高級人力資源管理師正規培訓達到規定標準學時數，並取得畢（結）業證書；

（2）具有博士學位（含同等學力）；

（3）具有碩士學位（含同等學力），從事本職業工作 6 年以上；

（4）具有學士學位（含同等學力），從事本職業工作 9 年以上。

3. 考試科目

（1）人力資源師考試三級和四級分為理論知識和技能操作兩個科目。

（2）人力資源管理師一級和二級則分為理論知識、技能操作和綜合評審。理論知識的題型是單項、多項選擇題；而技能操作考核的題型包括計算分析題、案例分析題和方案設計等；綜合評審包括論文和論文答辯。考試內容涉及企業人力資源規劃、招聘與配置、培訓與開發、績效管理、薪酬福利管理、勞動關係管理六部分以及相關的基礎知識。

國際註冊人力資源管理師

國際註冊人力資源管理師培訓考試合格者按照有關規定統一核發「註冊國際人力資源師資格證書」，證書頒發機構為國際人力資源管理協會和註冊國際人力資源師管理辦公室。其實行統一編號登記管理和網上查詢，證書全國通用，國際認可。

1. 國際註冊人力資源管理師等級

國際註冊人力資源管理師分初級、中級、高級三個等級，認證級別分為準註冊人力資源管理師、註冊人力資源管理師和註冊高級人力資源管理師三個層次。

2. 報考條件

（1）準註冊人力資源管理師

一年以上工作經歷，大專以上學歷，人力資源工作者（含勞資、人事、組

織幹部等管理人員），經過有關專業模塊的培訓並考試合格者，經加權錄取即獲得相關專業領域的準註冊人力資源管理師職業資格認證證書。

（2）註冊人力資源管理師

大專以上學歷，三年以上管理崗位工作經驗，已累計取得三張準註冊人力資源管理師認證證書（包含一張必修課程的認證證書），經本人申請，通過有關評審程序後，可獲得註冊人力資源管理師職業資格認證證書。

（3）註冊高級人力資源管理師

本科以上學歷，五年以上人力資源相關管理工作經驗，已取得註冊人力資源管理師資格認證證書，通過條件審核和人力資源管理水平綜合測試，可向職業資格認證中心提交申請和有關成果材料進行評審，評審通過後即獲得註冊高級人力資源管理師職業認證證書。

第六章 人力資源管理專業人員的職業生涯規劃

學習目標

1. 瞭解職業生涯規劃理論。
2. 理解職業生涯規劃的方法和步驟。
3. 理解人力資源管理專業人員持續發展方法。
4. 掌握學習地圖的繪製。

關鍵術語

職業生涯規劃（Career Planning）
人力資源管理專業人員持續發展（Human Resource Management Specialist's Development）
學習地圖（Learning Maps）

在現實中，如何結合時代發展、環境變化和專業要求，做好個人職業生涯規劃，實現個人的職業理想與目標，是每個人都將面臨和需要解決的問題，人力資源管理專業人員也不例外。本章首先介紹職業生涯規劃的代表性理論、主要方法、步驟，然後分析人力資源管理專業人員的持續發展和學習地圖的繪製。

第一節　職業生涯規劃理論及應用

人們對職業生涯及職業生涯規劃的認識和研究由來已久，形成了很多理論和說法。這些理論也得到了廣泛的實踐與應用。

一、職業生涯規劃理論

(一) 職業生涯階段理論

1. 格林豪斯的職業生涯階段理論

格林豪斯（J. H. Greenhaus）從人生不同年齡段職業生涯發展所面臨的主要任務的角度把職業生涯劃分為五個階段：職業準備階段、進入組織階段、職業生涯初期、職業生涯中期和職業生涯後期。

（1）職業準備階段。典型的年齡階段為 0~18 歲。主要任務：發展職業想像力，對職業進行評估和選擇，接受必需的職業教育。

（2）進入組織階段。18~25 歲為進入組織階段。主要任務：在一個理想的組織中獲得一份工作，在獲取足量信息的基礎上，盡量選擇一種合適的、較為滿意的職業。

（3）職業生涯初期。典型年齡段為 25~40 歲。主要任務：學習職業技術，提高工作能力；瞭解和學習組織紀律和規範，逐步適應職業工作，適應和融入組織；為未來的職業成功做好準備。

（4）職業生涯中期。40~55 歲是職業生涯中期階段。主要任務：需要對早期職業生涯重新評估，強化或改變自己的職業理想；選定職業，努力工作，有所成就。

（5）職業生涯後期。從 55 歲直至退休為職業生涯後期。主要任務：繼續保持已有職業成就，維護尊嚴，準備引退。

2. 施恩的職業生涯階段理論

美國麻省理工學院斯隆管理學院教授和著名職業生涯管理學家施恩（E. H. Schein）立足於人生不同年齡段面臨的問題和職業工作的主要任務，將職業生涯分為 9 個階段：成長、幻想、探索階段；進入工作世界階段；基礎培訓階段；早期職業的正式成員資格階段；職業中期階段；職業中期危險階段；職業後期階段；衰退和離職階段；離開組織或退休階段。

（1）成長、幻想、探索階段。0~21 歲者處於這一職業發展階段。主要任務：發展和發現自己的需要和興趣，發展和發現自己的能力和才干，為進行實際的職業選擇打好基礎；學習職業方面的知識，尋找現實的角色模式，獲取豐富信息，發展和發現自己的價值觀、動機和抱負，做出合理的受教育決策，將幼年的職業幻想變為可操作的現實；接受教育和培訓，開發工作世界中所需要的基本習慣和技能。個人在這一階段所充當的角色是學生、職業工作的候選

人、申請者。

（2）進入工作世界階段。16~25歲的人步入該階段。主要任務：首先，進入勞動力市場，謀取可能成為一種職業基礎的第一項工作；其次，個人和雇主之間達成正式可行的契約，個人成為一個組織或一種職業的成員。個人充當的角色是應聘者、新學員。

（3）基礎培訓階段。處於該階段的個人年齡為16~25歲。與進入職業工作或組織階段不同，在該階段，個人要擔當實習生、新手的角色，也就是說，已經邁進職業或組織的大門。主要任務：瞭解、熟悉組織，接受組織文化，融入工作群體，盡快取得組織成員資格，成為一名有效的成員；適應日常的操作程序，應付工作。

（4）早期職業的正式成員資格階段。處於該階段的個人年齡為17~30歲，取得組織新的正式成員資格。主要任務：承擔責任，成功地履行與第一次工作分配有關的任務；發展和展示自己的技能和專長，為提升或進入其他領域的橫向職業成長打基礎；根據自身才干和價值觀，根據組織中的機會和約束，重估當初追求的職業，決定是否留在這個組織或職業中，或者在自己的需要、組織約束和機會之間尋找一種更好的配合。

（5）職業中期階段。處於職業中期的正式成員，年齡一般在25歲以上。主要任務：選定一項專業或進入管理部門；保持技術競爭力，在自己選擇的專業或管理領域內繼續學習，力爭成為一名專家或職業能手；承擔較大責任，確定自己的地位；開發個人的長期職業計劃。

（6）職業中期危險階段。處於這一階段的是35~45歲者。主要任務：評估自己的進步、職業抱負及個人前途；就接受現狀或者爭取看得見的前途做出具體選擇；建立與他人的良好關係。

（7）職業後期階段。從40歲以後直到退休，可說是個人的職業後期階段。職業狀況或任務：成為一名良師，學會發揮影響，指導、指揮別人，對他人承擔責任；擴大、發展、深化技能，或者提高才干，以擔負更大範圍、更重大的責任；如果求安穩，就此停滯，則要接受和正視自己影響力和挑戰能力的下降。

（8）衰退和離職階段。一般在40歲之後到退休期間，不同的人在不同的年齡會衰退或離職。主要的職業任務：一是學會接受權力、責任、地位的下降；二是基於競爭力和進取心下降，要學會接受和發展新的角色；三是評估自己的職業生涯，著手退休。

(9) 離開組織或退休階段。個人在失去工作或組織角色之後，面臨兩大問題或任務：一是保持一種認同感，適應角色、生活方式和生活標準的急遽變化；二是保持一種自我價值觀，運用自己累積的經驗和智慧，以各種資源角色，對他人進行傳、幫、帶。

(二) 職業選擇理論

1. 帕森斯的特質因素理論

帕森斯的特質因素理論又稱帕森斯的人職匹配理論。特質因素理論是最早的職業輔導理論。1909 年美國波士頓大學的教授弗蘭克・帕森斯（Frank Parsons）在其著作《選擇一個職業》中提出了人與職業相匹配是職業選擇焦點的觀點。他認為，個人都有自己獨特的人格模式，每種人格模式的個人都有其相適應的職業類型。所謂特質，就是指個人的人格特徵，包括能力傾向、興趣、價值觀和人格等。這些都可以通過心理測量工具來加以評量。所謂因素，則是指在工作上要取得成功所必須具備的條件或資格。這可以通過對工作的分析而瞭解。

人職匹配分為兩種類型：①因素匹配（活找人）。例如需要有專門技術和專業知識的職業與掌握該種技能和專業知識的擇業者相匹配；髒、累、苦等勞動條件很差的職業，需要有吃苦耐勞、體格健狀的勞動者與之匹配。②特性匹配（人找活）。例如，具有敏感、易動感情、不守常規、個性強、理想主義等人格特性的人，宜從事審美性、自我情感表達的藝術創作類型的職業。

2. 職業性向理論

霍蘭德（John Holland）是美國著名的職業指導專家。他於 1959 年提出了具有廣泛社會影響的職業興趣理論。他認為人的人格類型、興趣與職業密切相關，興趣是人們活動的巨大動力，凡是具有職業興趣的職業，都可以提高人們的積極性，促使人們積極地、愉快地從事該職業，且職業興趣與人格之間存在很高的相關性。霍蘭德將人格劃分為現實型、研究型、藝術型、社會型、企業型和常規型六種類型。[1]

(1) 社會型

共同特點：喜歡與人交往、不斷結交新的朋友、善言談、願意教導別人；關心社會問題、渴望發揮自己的社會作用；尋求廣泛的人際關係，比較看重社

---

[1] HOLLAND J L. A Theory of Vocational Choice [J]. Journal of Counseling Psychology, 1959 (1): 35-47.

會義務和社會道德

典型職業：喜歡要求與人打交道的工作，能夠不斷結交新的朋友，從事提供信息、啓迪、幫助、培訓、開發或治療等事務，並具備相應能力。如教育工作者（教師、教育行政人員）、社會工作者（諮詢人員、公關人員）。

（2）企業型

共同特點：追求權力、權威和物質財富，具有領導才能；喜歡競爭、敢冒風險、有野心、抱負；為人務實，習慣以利益得失、權利、地位、金錢等來衡量做事的價值，做事有較強的目的性。

典型職業：喜歡要求具備經營、管理、勸服、監督和領導才能，以實現機構、政治、社會及經濟目標的工作，並具備相應的能力。如項目經理、銷售人員、行銷管理人員、政府官員、企業領導、法官、律師。

（3）常規型

共同特點：尊重權威和規章製度，喜歡按計劃辦事，細心、有條理，習慣接受他人的指揮和領導，自己不謀求領導職務；喜歡關注實際和細節情況，通常較為謹慎和保守，缺乏創造性，不喜歡冒險和競爭，富有自我犧牲精神。

典型職業：喜歡要求注意細節、精確度、有系統、有條理，記錄、歸檔、根據特定要求或程序組織數據和文字信息的職業，並具備相應能力。如秘書、辦公室人員、記事員、會計、行政助理、圖書館管理員、出納員、打字員、投資分析員。

（4）實際型

共同特點：願意使用工具從事操作性工作，動手能力強，做事手腳靈活，動作協調；偏好於具體任務，不善言辭，做事保守，較為謙虛；缺乏社交能力，通常喜歡獨立做事。

典型職業：喜歡使用工具、機器，需要基本操作技能的工作。對要求具備機械方面才能、體力，或從事與物件、機器、工具、運動器材、植物、動物相關的職業有興趣，並具備相應能力。如技術性職業（計算機硬件人員、攝影師、制圖員、機械裝配工）、技能性職業（木匠、廚師、技工、修理工、農民、一般勞動人員）。

（5）調研型

共同特點：是思想家而非實干家，抽象思維能力強，求知慾強，肯動腦，善思考，不願動手；喜歡獨立的和富有創造性的工作；知識淵博，有學識才能，不善於領導他人；考慮問題理性，做事喜歡精確，喜歡邏輯分析和推理，

不斷探討未知的領域。

典型職業：喜歡智力的、抽象的、分析的、獨立的定向任務，要求具備智力或分析才能，並將其用於觀察、估測、衡量、形成理論、最終解決問題的工作，並具備相應的能力。如科學研究人員、教師、工程師、電腦編程人員、醫生、系統分析員。

(6) 藝術型

共同特點：有創造力，樂於創造新穎、與眾不同的成果，渴望表現自己的個性，實現自身的價值；做事理想化，追求完美，不重實際；具有一定的藝術才能和個性；善於表達、懷舊，心態較為複雜。

典型職業：喜歡要求具備藝術修養、創造力、表達能力和直覺，並將其用於語言、行為、聲音、顏色和形式的審美、思索和感受的工作，具備相應的能力。如藝術方面（演員、導演、藝術設計師、雕刻家、建築師、攝影家、廣告製作人）、音樂方面（歌唱家、作曲家、樂隊指揮）、文學方面（小說家、詩人、劇作家）的工作。

3. 職業錨理論

職業錨理論產生於在職業生涯規劃領域具有教父級地位的美國麻省理工學院斯隆商學院的美國著名的職業指導專家埃德加‧H.施恩（Edgar. H. Schein）教授領導的專門研究小組。職業錨，實際就是人們選擇和發展自己的職業時所圍繞的中心，是指當一個人不得不做出選擇的時候，無論如何都不會放棄的職業中的那種至關重要的東西或價值觀。職業錨強調個人能力、動機和價值觀三方面的相互作用與整合，是個人同工作環境互動作用的產物。施恩通過多年的研究提出了八種類型的職業錨，分別是自主/獨立型、創造/創業型、管理型、技術/職能型、挑戰型、安全/穩定型、生活型、服務/奉獻型。

（1）技術/職能型：技術/職能型的人，追求在技術/職能領域的成長和技能的不斷提高，以及應用這種技術/職能的機會。他們對自己的認可來自他們的專業水平。他們喜歡面對來自專業領域的挑戰。他們一般不喜歡從事一般的管理工作，因為這將意味著他們放棄在技術/職能領域的成就。

（2）管理型：管理型的人追求並致力於職務晉升，傾心於全面管理，獨自負責一個部分，可以跨部門整合其他人的努力成果。他們想去承擔整個部門的責任，並將公司的成功與否看成自己的工作。具體的技術/功能工作僅僅被看作通向更高、更全面管理層的必經之路。

（3）自主/獨立型：自主/獨立型的人希望隨心所慾安排自己的工作方式和

生活方式；追求能施展個人能力的工作環境，最大限度地擺脫組織的限制和制約。他們願意放棄提升或工作擴展的機會，也不願意放棄自由與獨立。

（4）安全/穩定型：安全/穩定型的人追求工作中的安全與穩定感。他們可以預測將來的成功從而感到放鬆。他們關心財務安全，例如退休金和退休計劃。穩定感包括誠信、忠誠以及完成老板交代的工作。儘管有時他們可以達到一個高的職位，但他們並不關心具體的職位和具體的工作內容。

（5）創造/創業型：創造/創業型的人希望使用自己的能力去創建屬於自己的公司或創建完全屬於自己的產品（或服務），而且願意去冒風險，並克服面臨的障礙。他們想向世界證明公司是他們靠自己的努力創建的。他們可能正在別人的公司工作，但同時正在學習並評估將來的機會。一旦他們感覺時機到了，他們便會自己走出去創建自己的事業。

（6）服務/奉獻型：服務/奉獻型的人一直追求他們認可的核心價值，例如幫助他人、使用新的產品消除疾病。他們一直追尋這種機會。這意味著即使變換公司，他們也不會接受不允許他們實現這種價值的工作變換或工作提升。

（7）挑戰型：挑戰型的人喜歡解決看上去無法解決的問題，戰勝強硬的對手，克服無法克服的困難障礙等。對他們而言，參加工作或職業的原因是工作允許他們去戰勝各種不可能。新奇、變化和困難是他們的終極目標。如果事情非常容易，它馬上變得非常令人厭煩。

（8）生活型：生活型的人喜歡允許他們平衡並結合個人的需要、家庭的需要和職業的需要的工作環境。他們希望將生活的各個主要方面整合為一個整體。正因為如此，他們需要一個能夠提供足夠的彈性讓他們實現這一目標的職業環境，為此甚至可以犧牲他們職業的一些方面，如提升帶來的職業轉換。他們將成功定義得比職業成功更廣泛。

學習資料 6-1

做最好的自己

從默默無聞到一舉成為多屆春節聯歡晚會主持人，董卿走紅的速度超過很多人的想像。關於董卿轉戰過的舞臺，可以列出一個很長的清單：浙江有線電視臺、上海電視臺、上海衛視（現在的東方衛視）、中央電視臺。拾級而上，從一個小窗口走至萬人矚目的舞臺中央，董卿找到了自己的位置。美麗、智慧的她在這裡肆意綻放著自己的無限魅力。

從小時候開始，董卿就不是一個按部就班、容易滿足的人。看上去纖秀柔

弱的董卿，其實是一個很有主見的人，下了決心九頭牛也拉不回來。在十幾年的主持人生涯中，董卿完成了自己人生的三次跨越。對於董卿來說，每一次跨越都是一次超越自我的過程。

1993年，董卿毛遂自薦進入剛成立的浙江有線電視臺，走出了主持人生涯的第一步。由於當時浙江有線電視臺尚處於初創階段，因此董卿除了主持節目外，還要自己撰稿、剪接甚至充當製片人的角色。浙江有線電視臺的工作使董卿熟悉並愛上了主持人這份工作。

董卿的工作得到了領導的賞識。當她正被普遍看好的時候，1995年上海電視臺面向全國招聘節目主持人，董卿決定去應聘。結果，她在六七百名競聘者中脫穎而出。

天道酬勤。1998年董卿在上海電視臺開始主持《相約星期六》。這檔大陸版的《非常男女》節目以新穎的樣式、幽默風趣的臺風，迅速席捲申城，僅僅一年，就創下了10%的收視率。董卿隨即成為在上海這座大都市中家喻戶曉的明星級人物。2000年，因工作出色，董卿獲得了「第三屆上海十大文化新人」「上海市新長徵突擊手」等榮譽稱號。

誰知董卿在事業蒸蒸日上之時，卻做出了一個讓朋友們大吃一驚的決定：放棄黃金欄目，加盟剛剛起步的上海衛視。一切歸零的董卿，在上海衛視腳踏實地地努力工作。是金子總會發光，5年時間，她相繼主持了《從星開始》《新上海遊記》《海風伴我行》《親親百家人》等節目。其間，最引人注目的是2000年元宵節的那場「上海–悉尼雙向傳送音樂會」。董卿在悉尼全場用英語主持音樂會。這一次，她的不俗表現得到了業內人士的好評。因此，2000年她獲得了第五屆全國廣播電視節目主持人「金話筒」獎。

人生的機緣好像在冥冥中已經安排好了，即將開播的中央電視臺西部頻道民歌節目《魅力12》十分需要董卿這樣收放自如的主持人。中央電視臺向董卿伸出了橄欖枝。

做出「漂在北京」的決定很艱難，為此董卿耗費了將近半年的時間來權衡利弊。在上海，她有父母、朋友，她對工作駕輕就熟，生活悠閒；而在北京，除了一份具有挑戰性的工作外，她別無其他。

長安街、中央電視臺和復興路的家——在北京地圖上，董卿只認識這3個標記。《魅力12》剛開播時，收視率和影響力都一般。那是一段「寂寞時光」，但她並不後悔。出身書香世家的她從小就有愛讀書的習慣，書裡的世界讓她學會「在浮躁裡沉住了氣」。

董卿在央視嶄露頭角是在 2004 年央視組織的全國青年歌手大獎賽期間。她主持了業餘組和專業組的 30 多場比賽。她以落落大方、吐字清晰和充滿親和力的甜美微笑，贏得了選手們的信賴，也徵服了廣大觀眾。

同年，民歌節和東盟國際博覽會同時在廣西南寧舉行，東盟各成員國首腦相聚南寧，賦予了民歌節特殊的內涵。在「一節一會」的開幕晚會上，董卿猶如一個從春天裡走來的女孩，清純亮麗中蘊含著優雅與端莊，不僅給現場觀眾留下了深刻的印象，而且得到了央視領導的認可。

經過努力，2004 年成為董卿主持人生涯的又一重大亮點。她整整主持了 130 多場次晚會、文娛節目，也打破了自己的主持紀錄，並從西部頻道調入綜藝頻道。這一年，她開始主持央視音樂頻道的《音樂人生》和《綜藝大觀》以及改版後的《歡樂中國行》。

是機遇更是實力，央視物色春晚主持人時，從央視西部頻道《魅力 12》走出來的董卿，以其落落大方、親切自然的主持風格獲得了春節聯歡晚會總導演的青睞。臺領導決定大膽起用這個對觀眾來說還比較陌生的新人。對於第一次入選萬眾矚目的春節聯歡晚會主持人，董卿曾說，當初自己如同置身夢中，不知道這種榮譽是夢境還是現實。

2005 年 2 月，在國際電視主持人論壇暨年度頒獎盛典上，董卿捧得「最佳電視綜藝節目主持人」及「最佳電視女主持人」兩個獎項。從此，董卿的名字開始家喻戶曉。

（節選自《董卿：我的完美職場三級跳 做最好的自己》）

二、職業生涯規劃的主要方法與步驟

（一）職業生涯規劃的主要方法

1.「五 W」法

許多職業諮詢機構和心理學專家進行職業諮詢和職業規劃時常常採用的一種方法就是有關 5 個「W」的思考的模式。從問自己是誰開始，然後順著問下去，共有 5 個問題：你是誰（Who are you）？你想幹什麼（What do you want）？你能幹什麼（What can you do）？環境支持或允許你幹什麼（What can support you）？最終的職業目標是什麼（What you can be in the end）？回答了這 5 個問題，找到它們的最高共同點，你就有了自己的職業生涯規劃。

針對第一個問題「我是誰？」應該對自己進行一次深刻的反思，有一個比

較清醒的認識，優點和缺點都應該一一列出來。

第二個問題「我想幹什麼？」是對自己職業發展的一個心理趨向的檢查。每個人在不同階段的興趣和目標並不完全一致，有時甚至是完全對立的。但隨著年齡和經歷的增長其目標逐漸固定，並最終鎖定自己的終身理想。

第三個問題「我能幹什麼？」則是對自己能力與潛力的全面總結。一個人對職業的定位歸結於他的能力，而他職業發展空間的大小則取決於他的潛力。對於一個人潛力的瞭解應該從幾個方面著手去認識，如對事的興趣、做事的韌性、臨事的判斷力以及知識結構是否全面、是否及時更新等。

第四個問題是「環境支持或允許我幹什麼？」。這種環境支持在客觀方面包括本地的各種狀態，比如經濟發展、人事政策、企業製度、職業空間等；主觀方面包括同事關係、領導態度、親戚關係等。兩方面的因素應該綜合起來看。有時我們在選擇職業時常常忽視主觀方面的東西，沒有將一切有利於自己發展的因素調動起來，從而影響了自己的職業切入點。個人通過朋友、熟人的引進找到工作是最正常也是最容易的。當然我們應該知道這和一些不正常的「走後門」等歪門邪道有著本質的區別。這種區別就是這裡的環境支持是建立在自己的能力之上的。

個人明晰了前面四個問題，就會從各個問題中找到對實現有關職業目標有利和不利的條件，列出不利條件最少的、自己想做而且又能夠做的職業目標。那麼第五個問題「自己最終的職業目標是什麼」自然就有了一個清楚明了的框架。

最後，將自我職業生涯計劃列出來，建立形成個人發展計劃書檔案，通過系統的學習、培訓，實現就業理想目標：選擇一個什麼樣的單位，預測自我在單位內的職務提升步驟，個人如何從低到高逐級而上。例如從技術員做起，在此基礎上努力熟悉業務領域、提高能力，最終達到技術工程師的理想生涯目標；預測工作範圍的變化情況，不同工作對自己的要求及應對措施；預測可能出現的競爭，如何相處與應對，分析自我提高的可靠途徑；如果發展過程中出現偏差，如果工作不適應或被解聘，如何改變職業方向。

2. SWOT 分析法

SWOT 分析中的四個英文字母分別代表：優勢（Strength）、劣勢（Weakness）、機會（Opportunity）、威脅（Threat）。其中，優勢與劣勢是對自身條件的分析。機會與威脅是對外部環境的分析。SWOT 分析法是職業規劃常用的自我分析工具。

（1）對個人自身條件的優勢與劣勢可從以下這些項進行分析：

◆職業愛好：自己喜歡與不喜歡做的事情。

◆學習能力：學習速度、學習深度、擅長的學科。

◆工作態度：對工作執著上進的程度。

◆與人交往的能力：交往意願、交往範圍、交往深度、合作經驗。

◆自己的資金、家庭、朋友的支持程度。

（2）對外部環境的機會與威脅可從以下這些項進行分析：

◆國際環境：行業的開放性、外資情況、全球經濟情況。

◆國內環境：政策導向、人口結構、國內生產總值（GDP）。

◆所在的具體地區或城市情況。

◆學校的情況、專業的情況。

◆行業情況：行業特性、行業景氣度、行業發展趨勢、競爭程度、上下游產業價值鏈。

◆企業的發展狀況：老闆、高級管理者、企業文化和製度、產品和市場、競爭對手。

◆崗位就業情況：崗位發展趨勢、競爭程度、待遇水平。

在做 SWOT 分析的時候，用一張白紙，把以上各項分別羅列出來，並標明是優勢還是劣勢，是機會還是威脅。任何一個人，如果能認真細緻地把上述問題列出來，排列好，其職業規劃就會清晰地展現出來。

3. PPDF 法

PPDF 的英文全稱是 Personal Performance Development File，中文是「個人職業表現發展檔案」，也可譯成「個人職業生涯發展道路」。這種方法將員工的個人發展，同企業的發展牢牢地聯繫在一起，是一種極有效的人力資源開發的方法。其主要內容包括個人情況、現在的行為、未來的發展三個部分。

（1）個人情況

◆個人簡歷：生日、出生地、部門、職務、現住址等。

◆文化教育：初中以上的校名、地點、進校時間、主修專題、課題等；所修課程是否拿到學歷，在學校負責過何種社會活動等。

◆學歷情況：填進所有的學歷、取得的時間、考試時間、課題以及分數等。

◆曾接受過的培訓：曾受過何種與工作有關的培訓（如在校、業餘還是在職培訓）、課題、形式、開始時間等。

◆工作經歷：按順序填寫你以前工作過的單位名稱、工種、工作地點等。

◆有成果的工作經歷：寫上你以為以前有成績的工作是哪些，不要寫現在的。

◆以前的行為治理論述：寫你對工作進行的評價，以及關於行為治理的事情。

◆評估小結：對檔案裡所列的情況進行自我評估。

（2）現在的行為

◆現時工作情況：填寫你現在的工作崗位、崗位職責等。

◆現時行為治理文檔：寫上你現在的行為治理文檔記錄，可以在這裡加一些註釋。

◆現時目標行為計劃：設計一個目標，同時列出和此目標有關的專業、經歷等。這個目標是有時限的，要考慮到本錢、時間、質量和數目的記錄。假如有什麼題目，可以立即同你的上司探討解決。

◆假如你有了現時目標。它是什麼？

◆怎樣為每一個目標設定具體的期限？此處寫出你和上司談話的主要內容。

（3）未來的發展

◆職業目標：在今後的3~5年裡，你預備在單位裡做到什麼位置。

◆所需要的能力、知識：為了達到你的目標，你以為應該擁有哪些新的技術、技巧、能力和經驗等。

◆發展行動計劃：為了獲得這些能力、知識等，你預備採用哪些方法和實際行動。其中哪一種是最好、最有效的？誰對執行這些行動負責？什麼時間能完成？

◆發展行動日誌：此處填寫發展行動計劃的具體活動安排、所選用的培訓方法。如聽課、自學、所需日期、開始的時間、取得的成果等。這不僅僅是為了自己，也是為了瞭解工作、瞭解行為。同時，你還要對照自己的行為和經驗等，寫上你從中學到了什麼。

（二）職業生涯規劃的步驟

制定職業生涯規劃，需要按照一定的步驟進行。首先要對個人和客觀環境進行評價，然後確定發展目標、路徑、計劃和措施，最後評價規劃。其實，各個環節都會影響到規劃的有效性。如果沒有對個人和客觀環境進行評價，也就無法正確地找到發展目標和路徑；如果不對規劃進行評價，職業發展常常會偏

離方向。進行職業生涯規劃的基本步驟如圖 6-1 所示。①

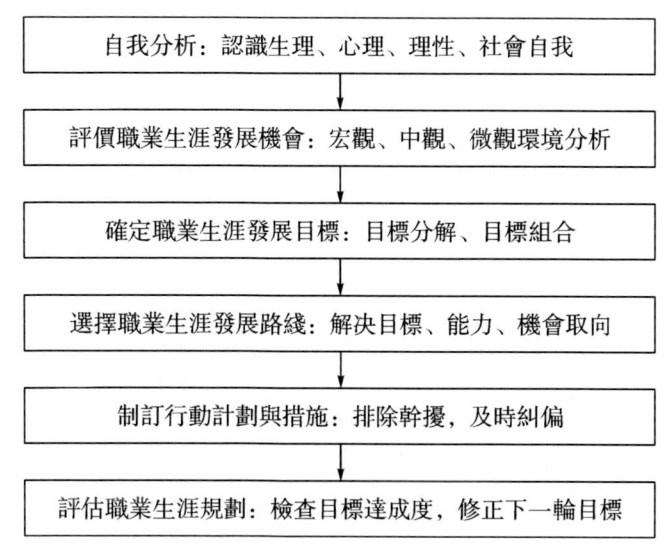

```
┌─────────────────────────────────────────┐
│ 自我分析：認識生理、心理、理性、社會自我 │
└─────────────────────────────────────────┘
                    ↓
┌─────────────────────────────────────────┐
│ 評價職業生涯發展機會：宏觀、中觀、微觀環境分析 │
└─────────────────────────────────────────┘
                    ↓
┌─────────────────────────────────────────┐
│ 確定職業生涯發展目標：目標分解、目標組合 │
└─────────────────────────────────────────┘
                    ↓
┌─────────────────────────────────────────┐
│ 選擇職業生涯發展路綫：解決目標、能力、機會取向 │
└─────────────────────────────────────────┘
                    ↓
┌─────────────────────────────────────────┐
│ 制訂行動計劃與措施：排除幹擾，及時糾偏 │
└─────────────────────────────────────────┘
                    ↓
┌─────────────────────────────────────────┐
│ 評估職業生涯規劃：檢查目標達成度，修正下一輪目標 │
└─────────────────────────────────────────┘
```

圖 6-1　職業生涯規劃的基本步驟

1. 自我分析

職業生涯規劃從自我分析開始。自我分析就是對自己進行全面的剖析，以此瞭解自己、認識自己，以便準確地為自己定位。具體而言，自我分析是對自我性格、情感、行為、社會角色等與自我有關的一切因素的分析，可以從生理自我、心理自我、理性自我、社會自我四個方面展開。

生理自我的分析，包括對自己的相貌、身體、穿著打扮等方面的評價；心理自我的分析，包括對自我的性格、氣質、意志、情感、能力等方面的評價；理性自我的分析，包括對自我的思維方式與方法、知識水平、道德水平等方面的評價；社會自我的分析，包括對自己在社會中所扮演的角色，在社會中的責任、權利、義務、名譽，他人對自己的態度及自己對他人的態度等方面的評價。

2. 評價職業生涯發展機會

進行職業生涯發展機會的評價，就是要評價和把握環境的特點，以及環境發展變化對自己職業生涯發展帶來的影響。這是做好職業生涯規劃的前提。個人如果能正確地認識環境和評價環境為自己帶來的發展機會，把握機會、避免威脅，其事業才能發展和成功。

---

① 侯光明. 人力資源管理 [M]. 北京：高等教育出版社，2009：352-357.

評價職業生涯機會可以從宏觀、中觀和微觀環境三個方面入手，具體內容如表 6-1 所示。

表 6-1　　　　　　　　　　　職業生涯發展環境評價

因素	說明	注意點
宏觀環境	經濟發展狀況與水平、政治法律製度、文化教育的發展狀況與水平、社會政策與社會變遷、科學技術的發展等環境因素	宏觀環境的特點及發展變化影響著社會的基礎、面貌和氛圍，對職業的結構、種類、需求及分布等都會產生重要的影響，體現出時代的特徵
中觀環境	行業環境：人的職業生涯發展與特定的行業相聯繫，行業的發展環境影響職業的選擇與發展	應注意分析和把握行業的性質與優勢，如行業是處於上升時期還是衰退時期，行業發展的前景如何；社會的發展在不斷產生哪些新興行業；社會行業的變化和發展趨勢為自己的職業選擇與發展提供了哪些機會；自己是否有信心和能力利用這些機會來實現自我職業的發展
微觀環境	組織環境：組織是每個個體職業發展的依託；個體的職業發展只有與組織的發展要求相吻合，才能實現更好更快的發展	要分析組織發展的目標及為自我提供的發展機會、瞭解組織最需要什麼樣的人才、組織的崗位設置與具體要求、組織職業發展通道的設計與要求、組織的管理製度、發展前景等

3. 確定職業生涯發展目標

（1）目標分解

按性質，職業生涯發展目標可分解為外職業生涯目標和內職業生涯目標。外職業生涯目標側重於職業過程的外在標記，包括工作內容目標、工作職務目標、工作環境目標、經濟收入目標、工作地點目標等。內職業生涯目標側重於個人在職業生涯過程中知識的獲得、經驗的累積、觀念的更新、能力的提高及內心感受的豐富與昇華。內職業生涯目標的發展可以帶動外職業生涯目標的發展，外職業生涯目標的實現可以促進內職業生涯目標的實現。

按時間，職業生涯目標可分解為長期目標、中期目標和短期目標。長期目標指 5~10 年的目標，要放眼未來，預測職業發展的趨勢，制定與職業發展趨勢相吻合的職業奮鬥目標。中期目標指 3~5 年的目標，要結合自己的志願和組織發展的要求來制定，並應與長期目標保持一致。短期目標指 3 年以內的目標，是將長期目標和中期目標具體化、現實化和可操作化。

（2）目標組合

在確定目標的過程中，要通過目標組合有效處理不同目標之間的關係。

◆時間上的組合：並行和連續。目標並行一是指同時著手實現兩個現行工作目標；二是指建立和實現與目前工作內容不相關的預備職業生涯目標。連續目標是指目標之間的前後連續，即實現一個再進行下一個。一般來說，短期目標是實現長期目標的基礎。

◆功能上的組合：因果和互補。因果關係是指目標之間具有非常明顯的因果關係，如能力目標的實現有利於職務目標的實現。互補關係是指目標之間存在著直接的互補作用，如實際管理工作經歷為經理人的理論培訓提供了加深理解的經驗儲備，而經理人的培訓提高則為實際的管理工作提供了理論和方法。

◆全方位組合：實現平衡。對目標進行全方位組合是指所在組織、個人職業及家庭生活的均衡發展、相互促進。在確定職業生涯目標時，可綜合考慮，盡可能實現組織發展、個人職業發展及家庭生活的平衡和協調。

4. 選擇職業生涯發展路線

所謂職業生涯路線是指實現職業生涯目標的路徑。在選擇職業生涯發展路線時，要解決好以下三個方面的問題，並加以綜合分析：

（1）你可以往哪一條路線發展？這需要對自己所處的宏觀、中觀、微觀環境進行分析，確定自己的機會。

（2）你想往哪一條路線發展？這需要對自己的職業價值觀、職業理想、職業動機等進行分析，確定自己的職業目標。

（3）你適合往哪一條路線發展？這需要對自己的性格、特長、經歷、學歷等進行分析，確定自己的能力。

5. 制訂行動計劃與措施

在確定了職業生涯發展目標後，就要通過制訂一整套周密的行動計劃，來保證目標的實現。制訂達成目標的行動計劃與措施，包括在業務素質、潛能開發、人際關係、提高效率、階段任務等方面制訂與自己狀況相符合的行動計劃與措施，並加以落實。

6. 評估職業生涯規劃

職業生涯規劃要在實施中檢驗，及時診斷職業生涯規劃實施過程中各個環節出現的問題，找出相應的對策，對規劃進行調整和完善。成功的職業生涯規劃需要時時審視內外部環境的變化，動態地調整實現目標的步伐和節奏。職業生涯規劃的實現，就是一個在動態的發展與調整中接近目標、實現目標的過程。

學習資料 6-2

人力資源管理者的職業生涯規劃分析

目前中國企業中更多的領導者關注的是企業的經營、市場、財務等方面，對人力資源管理工作雖然定位較高，但在日常的管理過程中，往往需要其給其他方面讓步。

人力資源管理作為一項管理工作涉及人員招聘與調配、培訓、崗位設計、薪酬管理、績效管理、勞動關係管理以及人力資源規劃、保險等多個方面，其中任何一項工作都需要進行政策研究、製度創建、流程設計等，因此工作本身的複雜程度和挑戰性很高。

時代光華認為人力資源管理從業者的引進、選拔、使用和激勵必須和組織的性質特徵相聯繫。這就要求人力資源管理者熟悉整個組織運作的方方面面，熟悉主營業務的性質和專業技術特點，只具備人力資源管理的專業知識，而不精通業務，也很難制定出切合實際、真正發揮作用的辦法和製度。所以需要人力資源管理者塑造自己的職業生涯規劃。

（1）進行職業生涯分析，從以下三個方面進行：一是自我分析。運用SWOT方法檢查自我的技能、能力、特長、喜好和職業機會。二是環境因素分析。其包括家庭環境、同事的狀況、組織環境、社會環境、經濟環境等。三是關鍵因素分析。關鍵因素也可以稱為里程碑，是個人職業生涯實施過程中需要重點關注的事件和節點。

（2）職業生涯目標的制定。在職業生涯目標制定過程中，首先要確定職業發展週期，明確自我所處的職業生涯階段，參照上文提到的人力資源管理從業者常見的職業生涯軌跡選擇適合自己的發展方向，然後拋下「職業錨」，明確職業發展目標，最後，對目標進行分解：人生目標、長期目標、中期目標、短期目標。

（3）實施職業生涯規劃。按照制定的職業生涯規劃目標，實施規劃。在實施過程中要注重運用一定的策略保證目標的實現。常用的策略有，確定發展方向，如橫向發展、縱向發展、向核心發展等；明確職業生涯中各種角色的轉換及各角色所需要的知識、能力，通過教育培訓、自我學習、崗位歷練等達到角色轉換的要求。

（4）職業生涯的評估和反饋。通過學習，自身掌握的知識得以持續更新，自身掌握的人力資源管理的理論和方法隨企業環境的變化而變化。個人在跟蹤

學習新方法、新技術的同時結合在工作中的實踐，有的放矢，充分做到理論和實踐的相輔相成。

（資料來源：時代光華管理培訓網——http://www.hztbc.com/news/news_47754.html）

第二節　人力資源管理專業人員持續發展與學習地圖

一、人力資源管理專業人員持續發展

（一）人力資源管理專業人員的開發

目前大批人力資源管理專業人員缺乏人力資源管理相關的後續教育，人力資源管理專業人員迫切需要開發自身的能力。人力資源管理專業人員只有不斷補充新知識和獲得新能力，才能發揮人力資源對企業競爭能力最有力的支持。也只有如此，人力資源管理專業人員才能獲得持續發展。蘇方國（2006）提出了以戰略思維和戰略遠見、變革管理能力、系統思考能力和專業創新能力等為重點的開發戰略。[1]

1. 培養人力資源管理專業人員的戰略思維和戰略遠見

人力資源管理專業人員不應追求短期利益，而應該幫助企業贏得長期的成功，為此，需要幫助組織建立和保持核心競爭能力。人力資源管理專業人員應當把握組織戰略管理的核心，即善用組織的人力資源，提升組織的競爭能力。未來人力資源管理專業人員必須成為戰略夥伴。因此，培養人力資源管理人員的戰略思維和戰略遠見是人力資源開發的首要戰略。

2. 培養人力資源管理專業人員的變革管理能力

過去，環境發展穩定，維持是一種常態；但是現在競爭全球化、科技進步日新月異、產品的生命週期大大縮短，此時變革成為常態。在變革成為常態的條件下，人力資源管理專業人員不應當作為旁觀者，而應當是積極變革的領導者，努力引導企業的全體人員去捕捉企業未來發展的機會。為此，人力資源開發過程中，需要培養人力資源管理專業人員的變革管理能力——預期未來、推動變革、協調組織活動的能力。

3. 培養人力資源管理專業人員的系統思考能力

為了便於人力資源管理專業人員理解和掌握，在開發項目的課程設置時，

---

[1] 蘇方國. 人力資源管理專業人員開發戰略 [J]. 中國人力資源開發，2006（8）：104-106.

往往是根據人力資源管理的各個職能模塊來劃分和設計課程的。這樣的課程設置的最大優點是可以對人力資源管理各個職能模塊的內容進行細化，有利於人力資源管理專業人員更快更深入地掌握各職能模塊的理論知識和相關技能。但是它留下了一個隱患，就是有些人力資源管理專業人員可能以為人力資源管理就是各個職能模塊的簡單疊加。從人力資源管理一致性理論上講，人力資源管理是一個整體，不可簡單分離，各個職能模塊需要相互支持和配合。而這些職能模塊形成良好的相互支持和配合常常需要相當長的時間、適宜的企業氛圍和管理層持續不懈的努力。這些支持和配合恰恰是企業保持持續競爭優勢的關鍵，是其他企業難以學習和模仿的。因此，從競爭優勢的角度來講，將人力資源管理專業人員培養成未來優秀的人力資源管理專業人士，系統思考能力是不可或缺的。這些專業人士不應當只是充當一個合格的行政管理人員，而應以企業發展的全局的眼光來思考如何更有效配置和協調人力資源，推動建立學習型組織，為企業建立持續的競爭優勢。

4. 培養人力資源管理專業人員的專業創新能力

大多數開發項目都會注重培養學員的人力資源管理專業能力。這一點從各種開發項目的專業課程設置上就可以看出來。一般而言，人力資源管理專業內容包括人力資源戰略、人員素質測評與招聘、員工發展與培訓、績效管理、薪酬與福利管理、勞動人事法規等。但是，這些只是一些人力資源管理基本職能模塊，如何激勵專業人員進行專業創新才是人力資源開發的關鍵。企業為了提升人力資源管理專業人員在未來社會的競爭力以更好地應對新挑戰，在開發戰略中強調激勵專業人員進行專業創新是至關重要的。

最後，這些年無邊界組織、自主創新、教練技術等管理理論興起，管理實踐也不斷面臨新問題和新挑戰。人力資源管理專業人士需要不斷補充新知識和獲得新能力，才能發揮人力資源管理對企業競爭能力最有力的支持，持續為企業創造價值。

（二）人力資源管理專業人員持續專業發展方法

持續專業發展是指專業人員在工作生活中持續地維持、改進自己的專業知識和技能的行為過程。這種行為過程需要專業人員在工作生活中不斷地更新知識、擴充技能，從而提升個人職業技能和素養。不管是更新知識，還是擴充技能，都離不開學習。那麼，人力資源管理專業人員需要哪種方式的學習呢？除了正式學習（如正規教育）和非正式學習（如試錯、自我導向學習、網路學習

以及指導等），周濤分析了互動在人力資源管理專業人員持續專業發展上的作用。[1]

1. 經驗學習

成人教育學家 E. Linderman 曾說「經驗是成人學習者活的教科書」；Knowles 也指出成人具有豐富而多樣化的經驗，是學習的重要資源。所以經驗學習可以說是最普遍的成人學習方式。

◆非正式學習：這是一種發生在任何時間與地點，任何無正式結構，非組織設計或提供的學習活動。

◆偶發學習：這是一種自然的行動或互動，主要意圖為完成任務而非學習，但卻意外地增加了特定知識與技能。

◆經驗學習循環模式：這是一種將經驗轉化為知識的過程。該模式強調，學習是一個持續的循環。

◆持續的工作與學習模式：該模式強調學習是依據問題解決的循環模式設計的，以用來適應持續變化的工作環境；強調學習是一個行動與反思的持續循環，並且與問題解決的循環相連。

◆專業人員發展模式：人力資源管理專業人員在不同的生涯階段，各有不同的學習方式。新手較依賴隨時發生的學習過程，因為他們還在努力瞭解自己的角色，所以經常依據他人告知的方式來學習；專家則較多採用建構主義的學習策略。

2. 社交圈的構建

人力資源管理工作需要與組織內外各種各樣的人接觸，需要和他們建立各種各樣的關係，從而在這種社會網路中，其對人力資源管理專業人員的持續學習和發展都產生了重要的作用。人力資源管理專業人員也在有意或無意中構建和管理自己的「社交圈」，為了自己的工作績效同時也為了持續專業發展的需要。通過組織內外的「社交圈」，他們獲得知識、信息和支持。

◆個人圈子：圈子成員不一定都是從事人力資源管理相關工作。無論是通過何種方式相識，經過長時間的接觸和交往，他們建立了非正式的圈子。這種圈子可以是社交性的，並不是因為某種需要特地形成的，是自然的。正是通過這種圈子，他們形成了某種可近可遠的感情關係。基於此，他們通過這個圈子相互幫助和支持，從中獲得了專業能力的提升。

---

[1] 周濤. 人力資源管理專業人員持續專業發展研究［D］. 上海：華東師範大學，2011.

◆組織圈子：組織戰略使得每個組織中會形成很多不同的圈子。作為團隊中的一員，人力資源管理專業人員通過某種方式參與其中，在圈子的形成和發展過程中，也在持續地學習和發展。

◆專業圈子：由於某種共同的專業興趣和任務，他們形成了專業圈子。其一般分為自發形成的專業圈子和某種結構作為發起人組織而形成的圈子。自發形成的圈子往往是通過某種培訓活動或聚會，之後自發形成的旨在共享專業信息和交流的團體。機構發起的圈子是一種很普遍的現象，比如專業協會、學會、俱樂部等。他們發起的圈子活動相對來說是有組織性和計劃性的，有時候會涉及一些商業性質。但無論哪一種圈子，人力資源管理專業人員通過這種圈子形成自己在工作和生活之外的分享知識和交流信息的渠道，對持續專業發展起到了重要的影響。

學習資料 6-3

人力資源管理者的持續發展

一般來說，人力資源管理者的持續發展遵循著「人力資源助理—人力資源專員—人力資源主管—人力資源經理—人力資源總監」的發展路徑。各個階段的主要特點概括如下：輔助—定型—判斷和企劃—企劃和指導—管理和統帥，即人力資源助理主要從事輔助性的工作，人力資源專員主要從事定型的工作，人力資源主管主要負責判斷性和部分企劃性的工作，人力資源經理主要從事企劃和下屬指導培養的工作，人力資源總監主要負責內部管理並統帥下屬實施公司戰略性工作。

如今的人力資源管理從業者，雖然有很多並非畢業於人力資源管理專業，但如果是工商管理、社會學、心理學、語言等專業畢業的話，切入人力資源管理工作相對比較容易。人力資源管理領域的不同職業階段對從業人員有著不同的要求。人事助理、人事專員和人事主管主要負責執行人事的相關政策，因此需要對招聘、薪酬、考核、培訓等各方面的基本知識和具體的操作了如指掌。如果是人力資源經理、總監的話，就應當熟悉各種人力資源管理的理論、方法、工具，精通人力資源規劃、人力資源管理體系的建立，並且需要具備較強的溝通能力、組織能力、指導能力等。另外，不論處在哪個階段，一個人力資源管理工作者，都必須用公平、公正的態度處理各種問題，必須保持熱情，勇於挑戰，做好保密工作，作為公司高層的合作夥伴，通過制定和推進人力資源戰略來實現公司的經營目標。

（資料來源：三茅人力資源網——http://www.hrloo.com/rz/10308.html）

二、學習地圖

(一) 什麼是學習地圖

學習地圖，有時也稱學習路徑圖，是指以個人的職業能力發展和職業進步為核心的、有計劃的、綜合性的一系列學習活動。這些學習活動，可能包括傳統的課程培訓也可能包括其他的諸多新興學習方式，如行動學習、在線學習等。

學習地圖，整合了崗位能力模型、職業發展路徑和各種學習資源，為個人的學習發展提供導航系統。一是崗位能力模型。即把崗位能力模型的概念真正落實到個人所在的職業發展階段及其需要承擔的工作職責和工作任務上，將個人在職業發展的每個階段或每個階梯上需要具體掌握的知識、技能、能力等完整地細化出來，為個人提供一個清晰的未來培訓和開發預期。二是職業發展路徑。職業發展路徑既可能是個人在特定的現有崗位上成長為勝任工作的資深員工的職業發展路徑，也可能是其在實現難度類似但工作內容不同的各個崗位上輪換時的職業發展路線，還可能是跨專業系列的職業發展路線。三是各種學習資源。職業發展路徑對應著一系列勝任素質要求。個體需要利用各種學習資源，參與各種培訓開發活動，轉化成為自己的一種能力。

(二) 學習地圖的繪制

學習地圖的繪制方法包括四個步驟：工作分析、能力建模、課程設計以及體系建立，如圖 6-2 所示。四個步驟的成果分別是崗位庫、能力庫、學習內容以及學習地圖。

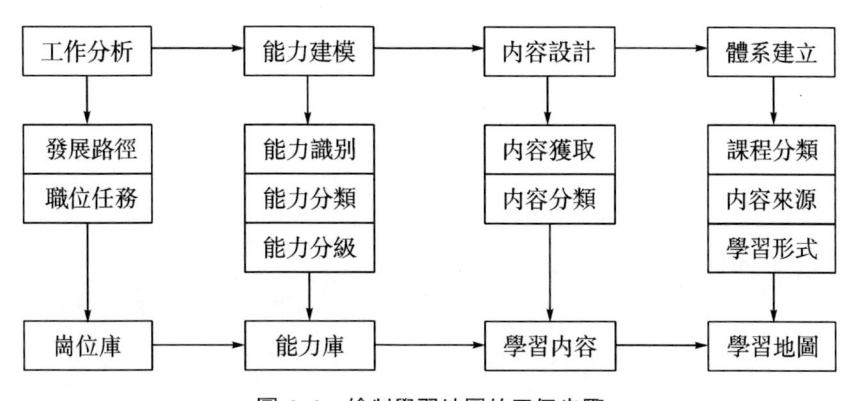

圖 6-2　繪制學習地圖的四個步驟

1. 工作分析

在繪制學習地圖的過程中，需要首先對個人職業發展路徑上的各個職位進行工作分析。如果對崗位說明未有全面清楚的瞭解，則在學習課程的選擇上將會出現偏差。工作分析同時也是崗位能力建模的基礎。可靠有效的能力模型必須與各崗位的職責以及具體工作任務密切相關。個人通過工作分析，將大大降低學習地圖規劃的複雜程度。

2. 能力建模

在工作分析的基礎上，建立起能力模型是繪制學習地圖的基石。能力建模包括能力識別、能力分類和能力分級三個部分。

基於能力模型的學習地圖使得個體學習與發展不再盲目，而是緊緊圍繞職業發展過程中的能力要求。優異的學習地圖需建立在良好的能力模型基礎之上。而良好的能力模型應當具備以下四個特點：可衡量或可觀察性、全面性、獨立性以及可清晰描述性。

所建立的能力模型應當是可被衡量或可通過工作績效與行為予以觀察的，否則就無法為其設計學習課程，並評估其學習效果。全面性保證了能力模型的有效與可靠。能力模型不僅應當包含專業技能，還應當包含領導力、人際關係處理等方面。獨立性特點要求能力模型中不同的能力不相重疊，避免造成混亂。清晰準確的能力描述將有助於課程的獲取與設計。另外，職業發展中的不同崗位所要求的能力等級不同，因此可將能力劃分為高級、中級與初級三個級別。

3. 內容設計

學習內容設計階段是學習地圖建立的核心階段。基本步驟依然有三個：學習內容的獲取、學習內容的分類以及學習內容的分級。

學習內容的獲取主要是指完成能力的學習內容映射。在選定能力後，首先需要分析能力描述信息，挖掘該能力的關鍵點。其次，檢索已有的各種培訓資源，包括企業內部、合作夥伴以及市場供應。最後，組裝形成個體所需的學習內容，完成學習內容映射。

獲取學習內容後，應當依據前階段能力的分類與分級，相應地對學習內容進行分類與分級，形成職業發展中的各職位專業技能類學習內容以及較通用的管理培訓類學習內容。

4. 體系建立

匯總所有的學習內容，根據自己職業發展路徑的要求，將學習內容劃分為

各階段的學習內容。並按照職業發展路徑形成相應的晉級包，依據崗位核心工作要點形成學習包。至此，清晰完整的學習地圖形成了。

基於能力模型的學習地圖繪製方法使得個人的學習體系能夠根據職業發展目標的變換而進行動態的改變。當職業發展目標發生變化時，崗位的職責也將可能發生變化，則可通過工作分析傳遞到能力建模階段。崗位的變化對個人能力提出了新的要求，個人通過學習內容設計步驟，將建立新的、修正後的學習地圖，迅速、及時地支撐職業發展目標的調整。

學習資料 6-4

歐洲各國人力資源經理的培養與教育

正規的大學教育只是一個人進入某種職業的基礎。在從事一項工作的過程中，一個人還要不斷接受與工作相關的培訓。這也是人力資源管理專業人員培養的途徑之一，即通過組織內部的培訓來成長。歐洲一般的人力資源管理專業培訓分為五種形式：短期課程或研修班，也就是脫產培訓；與工作相關的項目，一般是具體的工作任務，但主要目的是培養管理人員；工作輪換；正式指導，一般是由上司或有經驗的人結合工作有計劃地進行；輔導，是一種脫離上司－下屬關係的關係，可以針對工作，也可能針對職業進行幫助，一般是由老資格的同事來完成。如表 6-2 所示。

表 6-2　　　　　　　　在實際工作中接受的專業培訓

	德國	丹麥	西班牙	法國	芬蘭	愛爾蘭	挪威	荷蘭	瑞典	英國
短期課程/研修班	74	80	73	77	90	78	90	87	90	91
工作相關的項目	46	40	28	25	55	53	55	47	66	59
工作輪換	22	26	30	36	37	32	35	17	19	30
直線經理指導	29	30	10	26	11	17	16	9	9	27
外部專家指導	5	27	17	6	7	13	11	6	6	9

脫產培訓是所有公司最常用的方式，各國的使用率都在 90% 左右，如芬蘭是 90%，挪威是 90%，荷蘭是 87%，瑞典是 90%，英國 91% 的人力資源管理專業人員都接受過短期培訓或參加過研修班。大約半數的人力資源管理專業人員通過工作項目來提高自己的專業技能，如德國是 47%，丹麥是 40%，芬蘭是 55%，愛爾蘭是 53%，挪威是 55%，荷蘭是 47%，瑞典是 66%，英國是 59%。

相對而言，通過其他培訓方式來提高專業技能的人員就比較少了。這也可以說明人力資源管理專業人員的培養需要一種正規的教育環境。具體地講，人力資源管理專業人員需要及時瞭解與雇用和勞動有關的新的立法、新的技術和勞動力市場的變化，需要掌握新的管理理論和方法。

（資料來源：孫鍵敏. 歐洲各國人力資源經理的培養與教育及對中國的啟示［J］. 南開管理評論，2000（2）.）

本章小結

職業生涯是分階段的。具有代表性的理論是格林豪斯的職業生涯階段理論和施恩的職業生涯階段理論。進行職業生涯規劃必然要進行職業選擇，具有代表性的理論是帕森斯的特質因素理論、霍蘭德的職業性向理論和施恩的職業錨理論。

職業生涯規劃的方法常用的有「五 W」法、SWOT 分析法和 PPDF 法。職業生涯規劃的基本步驟包括自我分析、評價職業生涯發展機會、確定職業生涯發展目標、選擇職業生涯發展路線、制訂行動計劃與措施和評估職業生涯規劃等。

人力資源管理專業人員迫切需要開發自身的能力，開發重點包括戰略思維和戰略遠見、變革管理能力、系統思考能力和專業創新能力等。人力資源管理專業人員持續專業發展的方法包括經驗學習、企業文化與領導者風格、社交圈的構建。

學習地圖，整合了崗位能力模型、職業發展路徑和各種學習資源，為個人的學習發展提供導航系統。學習地圖的繪製方法包括四個步驟：工作分析、能力建模、課程設計以及體系建立。四個步驟的成果分別是崗位庫、能力庫、學習內容以及學習地圖。

思考題

1. 施恩的職業階段理論和職業錨理論是怎樣的？
2. 如何採用「五 W」法規劃職業生涯？
3. 人力資源管理專業人員開發重點有哪些？
4. 人力資源管理專業人員如何持續發展？

5. 如何繪製學習地圖？

訓 練

個人發展計劃：

根據人力資源管理專業培養的要求，結合自身實際情況，擬訂學年度個人發展計劃，填寫個人發展計劃表（表6-3）。到學年末時，評價執行情況和能力提升情況。

有關欄目概念的解釋：
1. 發展方向：希望提升的知識、專業技能、能力。
2. 現狀：就發展方向現在的情況和目標的差距進行說明，即提升的動因。
3. 成功指標：衡量指標。
4. 學習與行動計劃：課堂學習、自學、與他人學習、實踐鍛煉等。
5. 資源與支持：時間、資金、特別批准、協作者等。

表6-3　　　　　　　　　　個人發展計劃表

發展方向	現狀	成功指標	學習與行動計劃	資源與支持	時間

案例閱讀

IBM的員工發展體系

IBM根據崗位專業能力的差異將全部崗位劃分為22大類，每一大類叫作一個崗位族群，如人力資源族群、財務族群、行銷族群等。每個族群又按照專業差異細分為幾小類，每個小類叫作一個崗位序列，如財務族群包含會計序列、審計序列、稅務序列等。IBM對每個崗位族群和序列都相應設置了若干條專業能力要求，而每項能力要求又按照掌握程度劃分為「不具備、掌握、應用和熟練應用」4個等級。每個等級都有對應的工作行為描述，盡可能詳細地將

抽象的能力標準轉化為具體的行為表現。為保證專業能力要求適應不斷變化的外部環境，IBM 成立了專業能力體系執行委員會和工作委員會，對有關崗位族群、序列的能力標準進行動態評估和調整，切實做到與時俱進。崗位族群、序列的劃分以及相應能力要求的明確為公司培訓體系和員工職業發展體系的建立奠定了堅實的基礎。

　　IBM 針對每條能力要求按照不同能力等級設置了豐富多彩、形式多樣的培訓學習活動。培訓形式包括在線自學、課堂教學、網上課堂、在崗培訓、內部研討等，各類培訓活動總計超過 20 萬項。其中，對於大部分培訓，員工可根據自身需要和工作安排自行選擇參加；但也有部分培訓是相關員工必須參加的，並作為其職位晉升的必要條件。

　　能力發展工具是 IBM 員工在線進行自身能力評估的工具。每名 IBM 員工都可以在該平臺上查看自己所在崗位的技能要求。每年年初，員工需要按照崗位專業能力要求逐條評價自己的能力水平，評估結果會自動發送給其直接上級進行確認。在「能力發展工具」中，每項能力要求後面都附有針對該項能力的推薦課程和相關能力提升活動。員工可以參考這些推薦課程和活動，結合自身實際情況，制訂下一年的個人發展計劃，並與自己的直線經理溝通確認。個人發展計劃是 IBM 員工為自己制訂的職業發展和學習計劃，是員工職業生涯發展規劃在個人能力提升方面的年度實施計劃。每年，員工根據自身發展情況對個人發展計劃進行滾動調整，內容包括個人長期和短期職業發展目標、實現職業目標和績效目標所需要的能力要求，以及擬參加的培訓和學習活動。能力發展工具和個人發展計劃的應用，使員工更加明確個人發展目標和實現途徑，幫助員工尋找自身能力差距，制訂能力提升計劃，提高了員工自我發展的主動性和積極性。

　　關於員工的晉升，IBM 主要從兩個方面予以考量，一方面是員工的績效考核結果，另一方面是員工的能力水平。對於能力水平的考量，根據崗位職責對能力要求的差異，IBM 對不同業務部門和能力部門採取了差別的政策。例如，全球商業服務部採用職業發展框架來綜合評估員工的能力水平。職業發展框架考察員工三個方面的能力，包括公司核心能力要求、員工所在崗位族群的能力要求和所在崗位序列的專業技能要求。每項能力和技能要求都分為若干等級。評估工作在每年的第一季度和第二季度進行，員工在線填報能力評價申請，針對每項能力要求用文字描述其工作表現和工作業績。員工直接上級和有關專家小組對其上述三方面的能力的技能表現分別進行評價打分，然後綜合三個分數

計算最終的能力評價結果。職業發展框架的評價結果共分6個等級，1級為最低，6級為最高。員工在申請晉升時，其業績考核結果和能力評價等級將作為兩項最重要的決定因素。

（資料來源：中國人力資源開發網——http://www.chinahrd.net/article/2013/02-17/9381-1.html）

附錄：O＊NET 上部分人力資源管理職位說明書

1. Human Resources Managers

Tasks

◆Serve as a link between management and employees by handling questions, interpreting and administering contracts and helping resolve work-related problems.

◆Analyze and modify compensation and benefits policies to establish competitive programs and ensure compliance with legal requirements.

◆Advise managers on organizational policy matters such as equal employment opportunity and sexual harassment, and recommend needed changes.

◆Perform difficult staffing duties, including dealing with understaffing, refereeing disputes, firing employees, and administering disciplinary procedures.

◆Plan and conduct new employee orientation to foster positive attitude toward organizational objectives.

◆Identify staff vacancies and recruit, interview and select applicants.

◆Plan, direct, supervise, and coordinate work activities of subordinates and staff relating to employment, compensation, labor relations, and employee relations.

◆Plan, organize, direct, control or coordinate the personnel, training, or labor relations activities of an organization.

◆Represent organization at personnel-related hearings and investigations.

◆Administer compensation, benefits and performance management systems, and safety and recreation programs.

◆Provide current and prospective employees with information about policies, job duties, working conditions, wages, opportunities for promotion and employee benefits.

◆Analyze statistical data and reports to identify and determine causes of personnel problems and develop recommendations for improvement of organization's personnel policies and practices.

◆Prepare and follow budgets for personnel operations.

◆Maintain records and compile statistical reports concerning personnel-related data such as hires, transfers, performance appraisals, and absenteeism rates.

◆Analyze training needs to design employee development, language training and health and safety programs.

◆Conduct exit interviews to identify reasons for employee termination.

◆Oversee the evaluation, classification and rating of occupations and job positions.

◆Prepare personnel forecast to project employment needs.

◆Study legislation, arbitration decisions, and collective bargaining contracts to assess industry trends.

◆Allocate human resources, ensuring appropriate matches between personnel.

◆Develop or administer special projects in areas such as pay equity, savings bond programs, day-care, and employee awards.

◆Negotiate bargaining agreements and help interpret labor contracts.

◆Investigate and report on industrial accidents for insurance carriers.

Tools & Technology

Tools used in this occupation:

◆Desktop computers

◆Notebook computers

◆Personal computers

◆Scanners

◆Surveillance video or audio recorders —— Audio recording equipment

Technology used in this occupation:

◆Accounting software —— AccountantsWorld Payroll Relief; Intuit QuickBooks; New World Systems Logos. NET; Sage 50 Accounting

◆Business intelligence and data analysis software —— Oracle Business Intelligence Enterprise Edition

◆Charting software —— AASoftTech Web Organization Chart

◆Compliance software —— Stratitec TimeIPS

◆Computer based training software —— Training software

◆Data base reporting software ── SAP BusinessObjects Crystal Reports

◆Data base user interface and query software ── Automation Centre Personnel Tracker; Microsoft Access

◆Desktop publishing software ── Microsoft Publisher

◆Document management software ── Atlas Business Solutions Staff Files; Microsoft Office SharePoint Server MOSS; PDF readers; WinOcular

◆Electronic mail software ── IBM Notes; Microsoft Outlook

◆Enterprise resource planning ERP software── Deltek Vision; Oracle PeopleSoft; SAP; Tyler Technologies MUNIS

◆Graphics or photo imaging software ── Microsoft Visio

◆Human resources software ── ADP Workforce Now; Human resource management software HRMS; UniFocus Watson Human Resources Manager; WhizLabs

◆Internet browser software ── Web browser software

◆Office suite software ── Corel WordPerfect; Microsoft Office

◆Presentation software ── Microsoft PowerPoint

◆Spreadsheet software ── IBM Lotus 1-2-3; Microsoft Excel

◆Time accounting software ── ADP Pay eXpert; Kronos Workforce Timekeeper; Soft Trac Microix Timesheet; Stromberg Enterprise

◆Web page creation and editing software ── LinkedIn

◆Word processing software ── Microsoft Word; Nuvosoft Rwiz

Knowledge

◆Personnel and Human Resources ── Knowledge of principles and procedures for personnel recruitment, selection, training, compensation and benefits, labor relations and negotiation, and personnel information systems.

◆Administration and Management ── Knowledge of business and management principles involved in strategic planning, resource allocation, human resources modeling, leadership technique, production methods, and coordination of people and resources.

◆English Language ── Knowledge of the structure and content of the English language including the meaning and spelling of words, rules of composition, and grammar.

◆Customer and Personal Service ── Knowledge of principles and processes for providing customer and personal services. This includes customer needs assessment, meeting quality standards for services, and evaluation of customer satisfaction.

◆Law and Government —— Knowledge of laws, legal codes, court procedures, precedents, government regulations, executive orders, agency rules, and the democratic political process.

◆Psychology —— Knowledge of human behavior and performance; individual differences in ability, personality, and interests; learning and motivation; psychological research methods; and the assessment and treatment of behavioral and affective disorders.

◆Education and Training —— Knowledge of principles and methods for curriculum and training design, teaching and instruction for individuals and groups, and the measurement of training effects.

◆Mathematics —— Knowledge of arithmetic, algebra, geometry, calculus, statistics, and their applications.

Skills

◆Active Listening —— Giving full attention to what other people are saying, taking time to understand the points being made, asking questions as appropriate, and not interrupting at inappropriate times.

◆Management of Personnel Resources —— Motivating, developing, and directing people as they work, identifying the best people for the job.

◆Social Perceptiveness —— Being aware of others' reactions and understanding why they react as they do.

◆Speaking —— Talking to others to convey information effectively.

◆Coordination —— Adjusting actions in relation to others' actions.

◆Critical Thinking —— Using logic and reasoning to identify the strengths and weaknesses of alternative solutions, conclusions or approaches to problems.

◆Reading Comprehension —— Understanding written sentences and paragraphs in work related documents.

◆Judgment and Decision Making —— Considering the relative costs and benefits of potential actions to choose the most appropriate one.

◆Negotiation —— Bringing others together and trying to reconcile differences.

◆Complex Problem Solving —— Identifying complex problems and reviewing related information to develop and evaluate options and implement solutions.

◆Monitoring —— Monitoring/Assessing performance of yourself, other individuals, or organizations to make improvements or take corrective action.

◆Persuasion —— Persuading others to change their minds or behavior.

◆Systems Analysis —— Determining how a system should work and how changes in conditions, operations, and the environment will affect outcomes.

◆Systems Evaluation —— Identifying measures or indicators of system performance and the actions needed to improve or correct performance, relative to the goals of the system.

◆Time Management —— Managing one's own time and the time of others.

◆Active Learning —— Understanding the implications of new information for both current and future problem-solving and decision-making.

◆Writing —— Communicating effectively in writing as appropriate for the needs of the audience.

◆Instructing —— Teaching others how to do something.

◆Service Orientation —— Actively looking for ways to help people.

◆Learning Strategies —— Selecting and using training/instructional methods and procedures appropriate for the situation when learning or teaching new things.

Abilities

◆Oral Comprehension —— The ability to listen to and understand information and ideas presented through spoken words and sentences.

◆Written Comprehension —— The ability to read and understand information and ideas presented in writing.

◆Oral Expression —— The ability to communicate information and ideas in speaking so others will understand.

◆Speech Recognition —— The ability to identify and understand the speech of another person.

◆Written Expression —— The ability to communicate information and ideas in writing so others will understand.

◆Deductive Reasoning —— The ability to apply general rules to specific problems to produce answers that make sense.

◆Speech Clarity —— The ability to speak clearly so others can understand you.

◆Inductive Reasoning —— The ability to combine pieces of information to form general rules or conclusions (includes finding a relationship among seemingly unrelated events).

◆Problem Sensitivity —— The ability to tell when something is wrong or is likely to go wrong. It does not involve solving the problem, only recognizing there is a problem.

◆Fluency of Ideas —— The ability to come up with a number of ideas about a topic (the number of ideas is important, not their quality, correctness, or creativity).

◆Information Ordering —— The ability to arrange things or actions in a certain order or pattern according to a specific rule or set of rules (e. g., patterns of numbers, letters, words, pictures, mathematical operations).

◆Originality —— The ability to come up with unusual or clever ideas about a given topic or situation, or to develop creative ways to solve a problem.

◆Category Flexibility —— The ability to generate or use different sets of rules for combining or grouping things in different ways.

◆Near Vision —— The ability to see details at close range (within a few feet of the observer).

◆Selective Attention —— The ability to concentrate on a task over a period of time without being distracted.

Interests

◆Enterprising —— Enterprising occupations frequently involve starting up and carrying out projects. These occupations can involve leading people and making many decisions. Sometimes they require risk taking and often deal with business.

◆ Social —— Social occupations frequently involve working with, communicating with, and teaching people. These occupations often involve helping or providing service to others.

◆Conventional —— Conventional occupations frequently involve following set procedures and routines. These occupations can include working with data and details more than with ideas. Usually there is a clear line of authority to follow.

Work Styles

◆Integrity —— Job requires being honest and ethical.

◆Stress Tolerance —— Job requires accepting criticism and dealing calmly and effectively with high stress situations.

◆Leadership —— Job requires a willingness to lead, take charge, and offer opinions and direction.

◆Dependability —— Job requires being reliable, responsible, and dependable, and fulfilling obligations.

◆Initiative —— Job requires a willingness to take on responsibilities and challenges.

◆Self Control —— Job requires maintaining composure, keeping emotions in check, controlling anger, and avoiding aggressive behavior, even in very difficult situations.

◆Adaptability/Flexibility —— Job requires being open to change (positive or negative) and to considerable variety in the workplace.

◆Concern for Others —— Job requires being sensitive to others' needs and feelings and being understanding and helpful on the job.

◆Cooperation —— Job requires being pleasant with others on the job and displaying a good-natured, cooperative attitude.

◆Persistence —— Job requires persistence in the face of obstacles.

◆Analytical Thinking —— Job requires analyzing information and using logic to address work-related issues and problems.

◆Attention to Detail —— Job requires being careful about detail and thorough in completing work tasks.

◆Social Orientation —— Job requires preferring to work with others rather than alone, and being personally connected with others on the job.

◆Independence —— Job requires developing one's own ways of doing things, guiding oneself with little or no supervision, and depending on oneself to get things done.

◆Achievement/Effort —— Job requires establishing and maintaining personally challenging achievement goals and exerting effort toward mastering tasks.

◆Innovation —— Job requires creativity and alternative thinking to develop new ideas for and answers to work-related problems.

Work Values

◆Relationships —— Occupations that satisfy this work value allow employees to provide service to others and work with co-workers in a friendly non-competitive environment. Corresponding needs are Co-workers, Moral Values and Social Service.

◆Recognition —— Occupations that satisfy this work value offer advancement, potential for leadership, and are often considered prestigious. Corresponding needs are Advancement, Authority, Recognition and Social Status.

◆Working Conditions —— Occupations that satisfy this work value offer job security and good working conditions. Corresponding needs are Activity, Compensation, Independence, Security, Variety and Working Conditions.

2. Human Resources Assistants, Except Payroll and Timekeeping

Tasks

◆Process, verify, and maintain personnel related documentation, including staffing, recruitment, training, grievances, performance evaluations, classifications, and employee leaves of absence.

◆Explain company personnel policies, benefits, and procedures to employees or job applicants.

◆Record data for each employee, including such information as addresses, weekly earnings, absences, amount of sales or production, supervisory reports on performance, and dates of and reasons for terminations.

◆Gather personnel records from other departments or employees.

◆Examine employee files to answer inquiries and provide information for personnel actions.

◆Answer questions regarding examinations, eligibility, salaries, benefits, and other pertinent information.

◆Compile and prepare reports and documents pertaining to personnel activities.

◆Request information from law enforcement officials, previous employers, and other references to determine applicants』employment acceptability.

◆Process and review employment applications to evaluate qualifications or eligibility of applicants.

◆Arrange for advertising or posting of job vacancies and notify eligible workers of position availability.

◆Provide assistance in administering employee benefit programs and worker´s compensation plans.

◆Select applicants meeting specified job requirements and refer them to hiring personnel.

◆Interview job applicants to obtain and verify information used to screen and e-valuate them.

◆Inform job applicants of their acceptance or rejection of employment.

◆Search employee files to obtain information for authorized persons and organizations, such as credit bureaus and finance companies.

◆Administer and score applicant and employee aptitude, personality, and interest assessment instruments.

◆Prepare badges, passes, and identification cards, and perform other security-related duties.

◆Arrange for in-house and external training activities.

Tools & Technology

Tools used in this occupation:

◆Desktop calculator —— 10-key calculators

◆Desktop computers

◆Laser fax machine —— Laser facsimile machines

◆Mainframe computers

◆Paper punching or binding machines —— Document binding equipment

◆Personal computers

◆Photocopiers —— Photocopying equipment

◆Scanners

Technology used in this occupation:

◆Calendar and scheduling software —— Google Calendar

◆Computer based training software —— Blackboard Learn; Learning management system LMS; WebCT

◆Data base user interface and query software —— Database software; FileMaker Pro; Microsoft Access

◆Desktop publishing software —— Microsoft Publisher

◆Document management software —— Document management system software

◆Electronic mail software —— Email software; Microsoft Outlook

◆Enterprise resource planning ERP software——Oracle PeopleSoft; SAP ERP

◆Graphics or photo imaging software —— Microsoft Visio

◆Human resources software —— ADP Workforce Now; Human resource management software HRMS; Oracle Taleo; Workscape HR Service Center

◆Internet browser software —— Microsoft Internet Explorer

◆Office suite software —— Corel WordPerfect Office Suite; Microsoft Office

◆Optical character reader OCR or scanning software —— Scanning software

◆Presentation software —— Microsoft PowerPoint

◆Project management software —— Microsoft SharePoint

◆Spreadsheet software —— Microsoft Excel

◆Word processing software —— Google Docs; Microsoft Word

Knowledge

◆Personnel and Human Resources —— Knowledge of principles and procedures for personnel recruitment, selection, training, compensation and benefits, labor relations and negotiation, and personnel information systems.

◆Customer and Personal Service —— Knowledge of principles and processes for providing customer and personal services. This includes customer needs assessment, meeting quality standards for services, and evaluation of customer satisfaction.

◆English Language —— Knowledge of the structure and content of the English language including the meaning and spelling of words, rules of composition, and grammar.

◆Clerical —— Knowledge of administrative and clerical procedures and systems such as word processing, managing files and records, stenography and transcription, designing forms, and other office procedures and terminology.

◆Administration and Management —— Knowledge of business and management principles involved in strategic planning, resource allocation, human resources modeling, leadership technique, production methods, and coordination of people and resources.

◆Computers and Electronics —— Knowledge of circuit boards, processors, chips, electronic equipment, and computer hardware and software, including applications and programming.

◆Law and Government —— Knowledge of laws, legal codes, court procedures, precedents, government regulations, executive orders, agency rules, and the democratic political process.

Skills

◆Reading Comprehension —— Understanding written sentences and paragraphs in work related documents.

◆Active Listening —— Giving full attention to what other people are saying, taking time to understand the points being made, asking questions as appropriate, and not interrupting at inappropriate times.

◆Speaking —— Talking to others to convey information effectively.

◆Writing —— Communicating effectively in writing as appropriate for the needs of the audience.

◆Critical Thinking —— Using logic and reasoning to identify the strengths and weaknesses of alternative solutions, conclusions or approaches to problems.

◆Monitoring —— Monitoring/Assessing performance of yourself, other individuals, or organizations to make improvements or take corrective action.

◆Service Orientation —— Actively looking for ways to help people.

◆Social Perceptiveness —— Being aware of others' reactions and understanding why they react as they do.

◆Time Management —— Managing one's own time and the time of others.

◆Complex Problem Solving —— Identifying complex problems and reviewing related information to develop and evaluate options and implement solutions.

◆Coordination —— Adjusting actions in relation to others' actions.

Abilities

◆Oral Comprehension —— The ability to listen to and understand information and ideas presented through spoken words and sentences.

◆Oral Expression —— The ability to communicate information and ideas in speaking so others will understand.

◆Written Comprehension —— The ability to read and understand information and ideas presented in writing.

◆Near Vision —— The ability to see details at close range (within a few feet of the observer).

◆Speech Clarity —— The ability to speak clearly so others can understand you.

◆Written Expression —— The ability to communicate information and ideas in writing so others will understand.

◆Deductive Reasoning —— The ability to apply general rules to specific problems to produce answers that make sense.

◆Speech Recognition —— The ability to identify and understand the speech of another person.

◆Inductive Reasoning —— The ability to combine pieces of information to form general rules or conclusions (includes finding a relationship among seemingly unrelated events).

◆Information Ordering —— The ability to arrange things or actions in a certain order or pattern according to a specific rule or set of rules (e. g., patterns of numbers, letters, words, pictures, mathematical operations).

◆Problem Sensitivity —— The ability to tell when something is wrong or is likely to go wrong. It does not involve solving the problem, only recognizing there is a problem.

◆Category Flexibility —— The ability to generate or use different sets of rules for combining or grouping things in different ways.

Interests

◆Conventional —— Conventional occupations frequently involve following set procedures and routines. These occupations can include working with data and details more than with ideas. Usually there is a clear line of authority to follow.

◆Enterprising —— Enterprising occupations frequently involve starting up and carrying out projects. These occupations can involve leading people and making many decisions. Sometimes they require risk taking and often deal with business.

◆Social —— Social occupations frequently involve working with, communicating with, and teaching people. These occupations often involve helping or providing service to others.

Work Styles

◆Integrity —— Job requires being honest and ethical.

◆Attention to Detail —— Job requires being careful about detail and thorough in completing work tasks.

◆Dependability —— Job requires being reliable, responsible, and dependable, and fulfilling obligations.

◆Cooperation —— Job requires being pleasant with others on the job and displaying a good-natured, cooperative attitude.

◆Initiative —— Job requires a willingness to take on responsibilities and challenges.

◆Stress Tolerance —— Job requires accepting criticism and dealing calmly and effectively with high stress situations.

◆Concern for Others —— Job requires being sensitive to others' needs and feelings and being understanding and helpful on the job.

◆Independence —— Job requires developing one's own ways of doing things, guiding oneself with little or no supervision, and depending on oneself to get things done.

◆Self Control —— Job requires maintaining composure, keeping emotions in check, controlling anger, and avoiding aggressive behavior, even in very difficult situations.

◆Adaptability/Flexibility —— Job requires being open to change (positive or negative) and to considerable variety in the workplace.

◆Achievement/Effort —— Job requires establishing and maintaining personally challenging achievement goals and exerting effort toward mastering tasks.

◆Social Orientation —— Job requires preferring to work with others rather than alone, and being personally connected with others on the job.

◆Persistence —— Job requires persistence in the face of obstacles.

◆Analytical Thinking —— Job requires analyzing information and using logic to address work-related issues and problems.

◆Leadership —— Job requires a willingness to lead, take charge, and offer opinions and direction.

◆Innovation —— Job requires creativity and alternative thinking to develop new ideas for and answers to work-related problems.

Work Values

◆Relationships —— Occupations that satisfy this work value allow employees to provide service to others and work with co-workers in a friendly non-competitive environment. Corresponding needs are Co-workers, Moral Values and Social Service.

◆Support —— Occupations that satisfy this work value offer supportive management that stands behind employees. Corresponding needs are Company Policies, Supervision: Human Relations and Supervision: Technical.

◆Working Conditions —— Occupations that satisfy this work value offer job security and good working conditions. Corresponding needs are Activity, Compensation, Independence, Security, Variety and Working Conditions.

參考文獻

[1] 彭劍鋒. 人力資源管理概論 [M]. 2 版. 上海：復旦大學出版社，2011.

[2] 郭咸綱. 西方管理思想史 [M]. 3 版. 北京：經濟管理出版社，2004.

[3] 劉昕. 人力資源管理 [M]. 2 版. 北京：中國人民大學出版社，2015.

[4] 雷蒙德 A 諾伊，等. 人力資源管理：贏得競爭優勢 [M]. 劉昕，譯. 5 版. 北京：中國人民大學出版社，2005.

[5] 加里·德斯勒. 人力資源管理 [M]. 劉昕，譯. 12 版. 北京：中國人民大學出版社，2012.

[6] 侯光明. 人力資源管理 [M]. 北京：高等教育出版社，2009.

[7] 陳萬思. 中國企業人力資源管理人員勝任力模型研究 [D]. 廈門：廈門大學，2004.

[8] 孫鍵敏. 歐洲各國人力資源經理的培養與教育及對中國的啟示 [J]. 南開管理評論，2000，3（2）.

[9] 王豔豔. 人力資源管理本科專業培養目標研究 [J]. 高等財經教育研究，2013，16（4）.

[10] HOLLAND J L. A Theory of Vocational Choice [J]. Journal of Counseling Psychology，1968，6（1）.

後　記

　　經過一年多的準備、調研和寫作，本書終於完稿了。對於人力資源管理工作在企業經營中的地位、人力資源管理的工作重心、人力資源管理者的角色與職責、人力資源管理專業人員的勝任素質、人力資源管理專業人才培養方案，國內外學者做出了大量努力，累積了大量研究成果。本書對其進行了比較系統的探索性研究，主要貢獻體現於：

　　（1）系統回答了人力資源管理專業一些基本問題。例如，人力資源管理工作需要做什麼，人力資源管理專業人員需要什麼樣的素質，人力資源管理專業如何學習。對這些基本問題的回答，能讓讀者比較充分地認識和瞭解人力資源管理專業，並在此基礎上做出學習規劃和職業生涯規劃。

　　（2）對人力資源管理專業本科在校生和企業人力資源管理人員進行了比較。本書比較了他們在人力資源管理專業人員勝任素質和人才培養理解上的差異。這種差異比較能讓讀者認清一些錯誤認知。

　　（3）將人力資源管理理論和工具引入專業人才培養探討中。專業人才培養需要理論依據和工具支持。人力資源管理理論認為，不同工作需要不同的素質要求，人力資源管理工作也不例外。培養某項工作的素質，需要借助學習地圖分析工具。

　　本書的不足之處主要是樣本量比較少。樣本主要來自於廣西和廣東兩個省份。如果有更好更豐富的數據來源，本書應當可以得到更理想的結果，其理論貢獻將更為突出，對實踐的指導意義更大。因此，希望有更多的學者關注人力資源管理專業認知研究，以促進中國人力資源管理專業教育發展的理論和應用水平的提高。

國家圖書館出版品預行編目(CIP)資料

人力資源管理專業導論 / 孫金東 主編. -- 第一版.
-- 臺北市：崧燁文化，2018.08
　面；　公分

ISBN 978-957-681-451-8(平裝)

1.人力資源管理

494.3　　　　107012667

書　名：人力資源管理專業導論
作　者：孫金東 主編
發行人：黃振庭
出版者：崧燁文化事業有限公司
發行者：崧燁文化事業有限公司
E-mail：sonbookservice@gmail.com
粉絲頁　　　　　　網　址：
地　址：台北市中正區重慶南路一段六十一號八樓815室
8F.-815, No.61, Sec. 1, Chongqing S. Rd., Zhongzheng Dist., Taipei City 100, Taiwan (R.O.C.)
電　話：(02)2370-3310　傳　真：(02) 2370-3210
總經銷：紅螞蟻圖書有限公司
地　址：台北市內湖區舊宗路二段121巷19號
電　話：02-2795-3656　傳真：02-2795-4100　網址：
印　刷：京峯彩色印刷有限公司（京峰數位）

　　本書版權為西南財經大學出版社所有授權崧博出版事業股份有限公司獨家發行電子書繁體字版。若有其他相關權利及授權需求請與本公司聯繫。

定價：350 元
發行日期：2018 年 8 月第一版
◎ 本書以POD印製發行